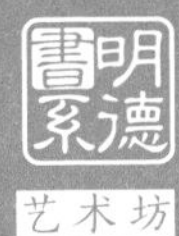


艺术坊

明德书系
艺术坊
品味艺术 享受生活

*The Art Design of Environment*

# 空间的灵性
## 环境艺术设计

李砚祖 主编
李瑞君 张石红 编著

中国人民大学出版社
·北京·

# 目　　录

# 第1章

# 环境艺术设计概述

# 第一节　环境艺术设计的概念

“环境艺术设计”是指通过艺术设计的方式对室内外环境进行规划、设计的一门实用艺术。对于大多数人而言，注重的是环境的实际品质，并不关心这类概念，对其理解一般还都停留在凭经验和情绪化的描述上，环境艺术理论也没有引起设计师和理论家的足够重视。环境艺术作为现代艺术设计学科中的一种，它的艺术风格的形成、变化及历史变迁常与建筑学有着密不可分的关系，而且在某种程度上，极为类似，但它们还有着很大的差异。建筑是整个环境空间的主体，是环境艺术的载体，环境艺术的发生和发展都离不开建筑。

环境艺术不是纯欣赏的艺术，是人创造的、人类生活的艺术化的生存环境空间，它始终与使用联系在一起，并与工程技术密切相关，是功能、艺术与技术的统一体。因此，环境艺术与建筑学（指经典建筑学）有很多共同点，同样是一门具有实用功能与审美功能、在技术和艺术方面紧密结合起来的学科。在一定意义上，也可以把它看做广义建筑学的一部分。

1981年国际建筑师协会将建筑学定义为：“建筑学是一门创

造人类生活环境的综合的艺术和科学”①。这条定义也完全适合于环境艺术，即环境艺术设计是一门创造人类生活环境的综合的艺术和科学。用系统论的观点来分析，环境艺术设计是艺术设计大系统中的一个子系统。环境艺术设计的最终目的，就是为人类创造更合理、更符合人的物质和精神需求的生活空间。

环境艺术设计是一门既边缘又综合的学科，它所涉及的学科很广泛，主要有：建筑学、城市设计、景观设计学、城市规划、人类工程学、环境行为学、环境心理学、设计美学、环境美学、社会学、文化学、民族学、史学、考古学、宗教学等方面。

广义上的环境概念的涵盖范围非常大。行为学上的环境是指人类赖以生存的、从事生产和生活的外部客观世界，一般分为自然环境、人工环境和社会环境。从设计角度看，环境主要是指人们在现实生活中所处的各种空间场所。

环境是个相对的概念，总是相对于某个中心事物而言。今天，环境系统的“整体性”在设计方法论中占据了越来越重要的位置，可以说整个宇宙，小至极微，大至无穷，都是按照个体与整体的互为结构组成的，即个体与个体互相协调而形成的

---

① 转引自张明宇：《环境艺术的缘起及创作特征》，载《建筑师》，1994（8）。

整体所构成。因此，环境艺术的设计，大至建筑与城市、建筑与邻近区域的有机融合的整体宏观层次，小至建筑本身的室内空间，光、色、质、绿化、陈设、湿度等微观层次，都明显地体现出整体设计、统一筹划、彼此渗透的指导思想。

环境艺术的存在和形成的最终目的是为人提供生存和生活的场所。因此，人是环境艺术设计的主体，人与环境艺术之间相互联系、相互作用、相互影响，构成相对立、相依存的统一关系。

基于上述的认识，本书中所涉及和研究的对象，主要包括两大类：一是除建筑设计以外的人类聚居环境的设计，简称室外环境设计；二是建筑单体内部的空间划分、界面设计，以及陈设等设计，简称室内环境设计。

现代环境艺术设计在我国只有几十年的发展历程。时间虽短，但发展迅速，很快就形成了一个相对独立的专业体系，环境艺术设计教育也经历了四十余年的风风雨雨，建立起了自己的教学体系。

20 世纪 50 年代，中央工艺美术学院建校时，曾参照国外高等美术院校专业设置的惯例，建立了室内装饰系。经过奚小彭等老一辈设计家的努力，为这个专业的发展奠定了基础。随后，为了适应我国社会主义建设事业的发展，曾数易其名为：建筑装饰系、工业美术系和室内（环境）设计系。十年浩劫时期，室内设计专业处于停滞的阶段。“文化大革命”结束后，才给这个专业的发展带来新的机遇。改革开放初期，社会任务和要求接踵而来，原有的专业教学内容无法适应新的形势发展，奚小彭先生说：“用发展的眼光看，我主张从现在起我们这个专业就应该着手向环境艺术这个方向发展。”① 经过数年的努力，终于得到社会的普遍认同以及各级领导的重视和支持，环境艺术设计系（原室内设计系）和环境艺术设计中心（现更名为环境艺术设计研究所）先后在不同的范围内付诸实现。环境艺术设计专业从此走上不断完善和发展的道路。经过近十余年的建设和发展，环境艺术设计已从侧重于室内环境设计（Interior Design），走向室内环境设计和室外环境设计（LandScape Architecture）并重的道路。教育体系逐渐完备，创作方法和设计技巧也不断提高。

现代环境艺术设计虽在我国起步较晚，但改革开放后蓬勃发展的社会经济局面给环境艺术设计带来前所未有的机遇。世界现代环境艺术设计逐渐从室内空间设计的装饰、家具陈设等方面（图 1—1）伸展到更广阔的天地：建筑景观（图 1—2）、庭园小景（图 1—3）、小区整体环境（图 1—4）、街道广场环境（图 1—5）等。

① 《中国室内设计年刊 1997》，12 页，北京，中国建筑工业出版社，1998。

图 1—1　居住环境空间的室内装饰设计及陈设

图 1—2　古根海姆博物馆（纽约　1959）

图 1—3　建筑内庭景观设计

图 1—4　德国柏林某住宅小区设计（1987）

**图 1—5　日本筑波中心下沉广场**（矶崎新设计）

## 第二节　环境艺术的缘起和变迁

### 一　手工业时代的环境意识

**图 1—6　云南傣家民居，是人们适应自然条件的设计**

这是一个没有专职设计师的时代，人们对待环境的态度大都是有意识地适应或无意识的安排（图 1—6）。对环境对象的把握也只是基于浅显的认识，人们畏惧自然、崇尚自然、向往自然。在这样一个农业、手工业生产为主导的时代，社会生产力低下，生活节奏缓慢，人类与大自然抗争的力量薄弱，建筑类型无疑受到自然因素及经济技术发展水平的限制。人们主要是顺应自然环境，把自己融入到自然环境中，去享受大自然的恩赐。

我国古代文化具有儒、释、道相补充的文化特征。三家均主张人与自然建立密切的关系。儒家重仕途经济，积极进取，主张“达则兼济天下，穷则独善其身。”士人得志，多指点江山，激扬文字；仕途失意，多归隐田园、浪迹江湖或遁迹山林，深入大化之中，以大自然为其归宿。释教则主张："色即是空，空即是色"，将自然实体与个人玄想世界相统一。道家则提倡"清静无为"，回归自然、顺应自然、师法自然。庄周梦蝶，分不清自然之蝶和自身所化之蝶，使本体与自然融合。

古代人崇尚自然，十分注重情与景的关系。创作之时以情入景，以景寓情，观赏之时则触景生情、情景交融。辛弃疾的"我见青山多妩媚，料青山见我应如是。情与貌，略相似"（《贺新郎》），体现了情景交融、天人合一，融入大自然的意境。中国人一直把自己视为自然环境的一部分，与环境息息相通，这种自然观构成了中国传统环境艺术设计及室内设计的基本思想，如中国园林就是一种把自然的美与人工的美高度结合起来的环境空间，人工环境与自然融为一体，相得益彰。北京颐和园的自然环境中有一个人工仿效的自然，山是堆成的山，湖是围成的湖。然而，作为北京园林中"三山五园"之一的万寿山，同其他两山——玉泉山、西山的山脉融为一体，宛若天成，几乎看不出人为的痕迹。万寿山的存在，增加了西山景观的层次，丰富了自然景观，而玉泉山和西山则成为颐和园借景的对象（图 1—7）。在颐和园内部，人工自然环境与建筑环境达到了完美的结合。在万寿山南坡中部的排云殿——佛香阁这组中央建筑群，可以说是中国园林中气势最大，建筑处理最突出的一组；但把这一组建筑群放在颐和园的前山前湖的整体环境中考虑，万寿山和昆明湖这一山、一水仍是园林艺术主体的构图中心，它不但没有压倒主体和破坏主体，相反却有助于丰富万寿山本身，改变其比较平淡、呆板的形象，帮助烘托、渲染皇家园林所需要的艺术气氛。整个建筑群顺应山势的起伏层层叠落，除中间建筑群体较大外，两侧的建筑如色彩退晕般地向东西两侧分散开去，尺度也逐渐缩小，与整个山势完全融合在一起，与其他自然景观一起构造了园林的整体效果（图 1—8）。

**图 1—7　北京颐和园**

**图 1—8　颐和园中排云殿、佛香阁与整体环境中其他建筑之间主次分明**

## 二　工业社会的环境意识的发展

在西方，尊重自然亦是环境设计所遵循的准则之一。建筑师弗兰克·劳埃德·赖特 1936 年的设计作品——流水别墅（Fallingwater）是一首建筑与自然结合的赞歌（图 1—9）。流水别墅的基地在匹茨堡，南邻熊跑溪的上游，远离公路，密林环绕，气氛十分清幽。流水别墅室内面积 $380m^2$，宽大的阳台面积也达到 $300m^2$，可见赖特对内外的同等重视。建筑共三层高，底层直接临水，设起居室、餐厅、厨房等空间，一串悬挂小梯可使人从起居室拾级而下，直达水面，楼梯洞口不但能使人俯视到流水，而且引来了水上的清风。故而 T. 哈木林（T. Hamlin）称之为"整个别墅的高潮"。这里还形成了一个微妙的空间过渡，使起居室的东部有垂直方向的沟通，从而与另一端厚实的壁炉和砌筑的烟囱形成构图的平衡。这悬挂的梯子与下部的瀑布水池也同样有一种平衡的态势，赖特描述这个别墅："在山溪旁的一个峭壁上的延伸，生存空间靠着几层平台而凌空在溪水之上——一位珍爱着这个地方的人就在这平台上，他沉浸于瀑布的响声，享受着生活的乐趣。"他对业主考夫曼先生说："我希望您伴着瀑布生活，而不只是观赏它，应使瀑布变成您生活中不可分割的部分"。别墅的内部自然材质的使用，更使建筑的内外融为一体，自然成趣（图 1—10）。人在其中，静卧听风雨，俯看流水潺潺，仰视白云飘浮，物我两忘。

图 1—9　流水别墅

图 1—10　流水别墅起居室

但是，由于机械文明的崛起和迅速发展，大生产的高效率和高利润使人们在“时间就是金钱”的利益观的驱使下，随着机器的高速运转不仅告别了恬静悠闲的生活、加快了生活节奏，而且破坏了环境并对不断恶化的环境无暇以顾、熟视无睹、不管不顾。一方面，人们因驾驭机械的力量而滋生起改造自然、创造环境的空前信心，醉心于机械文明所强化的“人定胜天”的信条，似乎人类重新获得的力量可以对大自然为所欲为，形成了错误的自然观，几乎置自然于死地；另一方面，人类过快地自我繁衍使人口激增，导致了极大的物质需求，促成了对自然的掠夺性开发，人类对自然环境的破坏愈演愈烈，过于频繁的破坏与开发，自然界来不及调整适应和恢复平衡，使环境质量不断恶化并难以恢复。有的科学家甚至愤怒地谴责人口激增及人类对环境的破坏行为，把人类比喻为使地球窒息、致地球于死命的“癌细胞”。

## 三　后工业社会的环境意识

随着全球自然生态资源的日益枯竭和人类生存环境品质的急剧恶化，人们开始清醒过来，认识到自己被扭曲的心灵，开始关注自己周围的环境。由于科学知识的普及和生活与消费水平的提高，人们对自身生活的环境空间质量有了更高更宽泛的要求。

1992 年联合国在里约热内卢召开的环境与发展大会，人们的认识第一次趋于一致，“可持续发展理论”被共同接受，成为世界各国制定 21 世纪行动纲领中的一项最基本的，也是最重要的内容和价值取向。这一思想的核心是：在不危及后代人需要的前提下寻求满足我们当代人需求的发展途径。与这种背景相呼应，人们进一步反思自己的行为，在城市规划、环境艺术和建筑界对“绿色建筑”、“生态建筑”、“生态城市”及“山水城市”、“生态环境”等概念和思想进行前所未有的研究和探讨。

历史发展到今天，环境已因人类的经济行为所恶化，也只能通过包括经济行为在内的诸多努力才能解决。如何能正确认识和处理好今天和未来人类社会发展与自然生态系统的关系，至今仍然是一个有待研究和解决的问题。

我国的环境艺术设计在改革开放后取得了极大的发展，虽然同发达的国家和地区的环境艺术设计相比，还有很大的差距，但是我们正在以具有中国特色的方式向世界靠拢。马克思说过："工业发达的国家向工业较不发达的国家所显示的，只是后者的未来现象。无论种族、地理或文化有多大区别，只要社会发展的层次达到我们那个开放的阶段，那么，一切变化大致向着历史预示的方向前进。"① 环境艺术在我国方兴未艾，而目前中国的环境问题却不容乐观，同样存在着发达资本主义国家在发展初期所经历过的资源掠夺性开发、环境破坏日益严重、人们的生存空间受到越来越严重威胁的状况。我们能否避免像西方国家那样因发展工业而给环境带来的不良影响，这已成为所有人都必须面对和思考的问题。创造良性互动的理想环境，是我们设计师和设计理论家不可推卸的责任，我们应该责无旁贷地担负起历史所赋予我们的使命。

① 转引自李瑞君：《共生的环境艺术》，11页，清华大学美术学院硕士论文。

## 第三节 环境艺术的属性

环境艺术设计成为一门独立的学科其历史并不长，一般而言，人们对于环境及环境艺术设计的认识仅仅停留在表面上，甚至连设计师也在实际工作当中，仅仅关注表面装饰形式的推敲，很少研究隐藏在表面形式背后的更深层的内涵，以及在其中所应体现出来的人与人、人与环境、人与文化历史的关系，更难以进一步关注人们生活方式的层面。

设计是人们建立起与世界关系的一种手段，而设计所创造出来的一切则是我们与外界建立联系的媒介。这种联系不仅体现在物化的空间环境上，而且体现在物化环境中所蕴涵的文化中。人能创造和改变环境，反过来环境也能塑造人的品性、改变人们的社会关系模式。美国建筑师埃罗·沙里宁（Eero Saarinen）说："让我看看你的城市，我就知道你的居民在文化上的追求是什么"①。经过前工业社会、工业社会和后工业社会的发展，人们逐渐对环境有了清晰明确的认识，人与环境的关系也逐渐由受制于环境的前工业社会发展到与环境较量的工业社会，一直到今天人与环境互动发展的后工业社会。现实生活

① 转引自张明宇：《环境艺术的缘起及创作特征》，载《建筑师》，1994（8）。

的世界中，任何一个角落都有人类活动的足迹，环境中科技和人文的含量越来越高。整个社会已不同以往，变成了一个人文化的世界。人文环境也同人们所创造的物质环境一样，成为人们生活中不可或缺的一种需要。然而，现实生活中的环境往往不尽如人意，人们的实践依然有其粗放性的一面，人们还在为满足一时的需要和短期的利益盲目冲动地行事，解决了主要问题而忽略次要问题，或解决了一种问题而又带来了新的问题。

物化环境作为一种自然生态系统而存在，人文环境作为一种社会生态系统而存在，都有其自身的特点和发展规律，环境艺术作为人工再创造的环境，是整个环境系统中的有机组成部分，它即是物化环境，又是人文环境。从这一点来看，环境艺术便具有了几个属性：（1）生态的属性；（2）历史的属性；（3）时代的属性。

首先，环境艺术具有生态的属性。人是环境的有机组成部分。作为自然的人，同其他环境的要素一样，是自然界长期发展的产物，他生活在这个系统中，并与这一系统同发展；但是，人不仅是自然人，而且是作为社会的人，具有环境因素中其他任何一种因素所不具备的意识的能动力量，他不像微生物、植物和其他一般的动物那样，仅靠改变自己的生理性状消极地适应环境，而是靠改善体外生态环境以保障自己的生存，并促进其发展。

人的心理行为、生理行为和社会行为都可以改变环境，而环境的好坏又将直接影响到人的心理行为、生理行为和社会行为。英国前首相丘吉尔曾说："人创造了建筑，随后是建筑塑造了人"①，这可说是深刻地理解了环境的精神文化内涵和人与环境相互关系的至理名言。现代环境艺术设计是一门关于自然、人、人造环境与生活整合的系统学科，是人与环境之间互动发展的整合。

环境艺术，从系统论的角度来讲，是一个动态的、开放的系统，它永远处于发展的状态之中，是动态中平衡的系统。只要人类社会发展，环境变化就不会止息。每一次文化的进步，技术的发展，都会有新的突破，环境将在一个新的高度上达到平衡。

环境艺术是整个大环境系统中的一个子系统。如果把自然中的山川、河流等视为大环境中轴线的一极，建筑等人工产品为轴线上的另一极，那么环境艺术则是这两极之间的过渡环节，它是人工环境与自然环境相互融合、和谐共存的物态环境。因此，环境艺术是建立在大环境平衡之上的动态系统，它的平衡运动不能以破坏大系统的平衡为代价。如果破坏了自然界的自

① 转引自张明宇：《环境艺术的缘起及创作特征》，载《建筑师》，1994（8）。

我调节机制和动态平衡，那么即使处于一定平衡态的环境艺术也将是不稳定的，如同暂时静止地停在坡顶的一个圆球，随时都有可能滚下坡来，即没有大系统的平衡就没有小系统的平衡。

其次，环境艺术具有历史的属性。环境艺术是人类文明的窗口，环境艺术的发展史，是人类文明发展史、科学技术和文化发展史的一个缩影。环境艺术的设计与成果，是自然环境与人文环境相互作用的结果。环境艺术的发展脱离不了人类社会的发展，它是社会文化和历史的表征。任何一个民族文化的历史特征，总要淋漓尽致地表现在那个时代的环境艺术中。继承是历史的属性之一，人类文明总是在继承中变革，在变革中延续，在新陈代谢中成长。在现存的人类生存环境中，必然积淀着具有历史传统特色的文化，新旧文化现实而合理地在环境艺术中共同存在，一同发展，形成环境艺术的时空连续性，使历史与未来相联结。

最后，环境艺术具有时代的特征。每一时代都有自己时代的文化和艺术，在当代，多元化的发展趋势已是环境艺术设计中不可避免的选择。多种流派，各种风格共同存在已成为必然。但是，这些风格、流派的共存并不是毫无条件，毫无差异，其中必定蕴藏着一种潜在的、最具生命力的、起支配作用的东西，这就是时代精神，时代精神支配着多元化的发展方向。

纵观历史，凡是具有深远意义的艺术作品，总是千方百计地运用当代的材料和技术，脚踏实地地解决当代的问题满足当代的需要，并在新的历史条件下探索进一步满足人们不断提高的精神文化需求的新的艺术语言和形式。

## 第四节　环境艺术的艺术特征*

环境艺术是具有实用功能和审美价值的一门实用艺术。在环境艺术中，既有人工的艺术创造，又有大自然的鬼斧神工，是自然与人工、科学与技术结合的产物。草坪、树木、巨石、山川、河流、湖泊等这些“大自然的建筑物”和人工建筑物都容纳在这个载体中，交相辉映，相得益彰。环境艺术的实现一方面与技术有密不可分的关系，另一方面作为艺术设计中的一类，还具有独特的美学和艺术特征。

### 一　环境艺术的整体之美

城市环境是由建筑、绘画、雕刻、园林、工艺美术……多种要素构成的，宏观地看，各要素好像是镶嵌在整个大地上的艺术之花，使其立体的构成千姿百态。就城市中的每一艺术要素来说，既要求各自的个性又要求环境的完整性，例如，城市中建筑物数量最多，比重最大，作为个体的建筑形象，不仅要求自身具有一定的完整性与表现力，而构成建筑群组时，又要求每幢建筑作为群体组合的一部分而存在。人们在大多数情况

* 参见吴良镛：《广义建筑学》，153～158页，北京，清华大学出版社，1989。

下看到的是建筑物的群体形象，即使城市中的重点建筑物，如航空港、火车站、航运站，或在大片绿地中的博物馆等公共设施，它的位置、体量都不同于一般，个性更强，更多地以其独特的形象受人注目，但它也不可能完全脱离其群体环境而孤立存在。因此，建筑美总是建立在群体的完整性上的（不同地点、条件下的建筑美的创造方式与表现形式是不一样的），城镇中不同内容的建筑物及其多种多样的形象构成有序的系统的组合，所以它给人的印象是统一的、整体的美（图 1—11）。除此之外，大自然环境、人工园林、雕塑、绘画、工艺美术等还起着综合的作用。如城市的中心广场、街心园林、重点建筑物的周边等，总陪衬有雕刻、喷泉、树木花坛，乃至坐凳、灯柱、栏杆等小品，构成城市的精华地区。它有时是陆续添建而成，但设计时应相互契合，一气呵成，整体协调。这种整体的美，小到一个区域，大到整个城市，既有千百种不同的各具表现力的物象形态，又有内在的有机的秩序和综合的整体精神，环境艺术的最高境界正在于此。如世界历史文化名城的威尼斯、阿姆斯特丹等，无不在整体上取得最高的和谐。我国古代从名都大邑到一些偏僻的村镇，也多具有这种特色。

**图 1—11　清华大学清华学堂**

## 二 环境艺术的动态之美

人造的环境如城市等，它具有生活的特性和活性。城镇建筑物本身虽然静立在那里，但生活在其中熙熙攘攘的人群、多种多样的生活要求，促使城市也随之变化。人们都总是从不同角度来利用城市和欣赏城市，如不同的位置（街道的进出口，广场的不同角落），不同的季节（树木的荣枯，景色的变化），不同的时间（不同的历史时期，白日与黄昏），并且各自从不同的侧面（社会、经济、人文、艺术……）来加以利用和欣赏。可以发现，城市中存在一种千变万化的、动态的美，而且其中最活跃的因素乃是人。人们的思想、感情、认识、观念等是在不断变化的，生活是永远在发展的、日新月异的，即使景物依旧，而人物常新。

此外，城市的建设具有增殖的特性。环境建设有一个逐步完整与发展的过程，由于有这种增殖性，可以在后期的发展中逐步改善其原有的缺点而更加完美；由于有这种增殖性，一个良好的建筑群所形成的优美的环境，也有受到破坏的危险（这就是为什么在一些历史地段有文物保护和整治问题）；由于有这种增殖性，要求建筑师在规划设计之前对建筑未来的可能发展进行科学的预测，预想到建筑群增殖的多种可能性和灵活性；由于有这种增殖性，要求建筑师、规划师作为“城市交响乐”的乐队指挥，研究如何对建设进行控制和引导。因此，城镇的建筑艺术虽然建立在个体建筑的基础上，但它所考虑的因素更多，内容与手段也更趋丰富。正由于城镇环境具有动态发展的内涵，优秀的规划师、建筑师都善于把握这个特性，使城市的环境既具有历史文化传统，又保持着鲜明的时代特征，并且借助城市发展规划建设的蓝图，向市民展示未来城市的发展景象，启发人们对美好明天的期望。

## 三　环境艺术的特色之美

为什么有些城镇会给人以良好的印象？从环境的创造上如何利用一切可能性——山川地貌、历史遗迹、城市功能、建筑造型等，以形成各自的特色，这是设计师首先必须予以考虑的。在人类生活的世界上，有着众多美好而有特色的城市，如中国的北京、苏州、杭州；意大利的罗马和威尼斯、法国的巴黎等，美好的城市总是闪烁着一种特色之美（图 1—12）。

城市环境的特色之美，是人们对已有的人工建筑物本身已经形成的特色自觉地加以保护、继承和发扬的产物。一些有历史文化传统的城市美是有一定特

**图 1—12　古罗马皇帝行宫遗址**

色的，规划者应当去观察、分析，从而对此有更为自觉地理解，在设计中有意识地加以创造，不断地发展和增强原有的特色。反之，原有的特色，便会在日新月异的建设中被“稀释”，甚至被破坏而消失。因此对于设计者来说，他虽是在建造一幢建筑物，而从宏观看，他又不止于设计某建筑物，同时也是在“设计城市”。一幅巨大的城市“镶嵌”图案，其构成是需要把一块块石子精心点缀，接续完成的。特别是一些重点建筑物，它对城市风貌及特色的形成起着重大作用：它可以强化原有的特色，或者构成新的特色，倘若处理不好也可能破坏城市的特色。因此，设计者需对环境的艺术，全局在胸，善于处理人工与自然、历史与现实的关系。在艺术的构思——“立意”的过程中，既要做到“立异”发挥特色而不同凡响，又要统一于整体的环境面貌。

## 四　环境艺术的充实之美

孟子曾说过：“充实之谓美”（《孟子·尽心下》），城市之美还在于它的内容充实，多样并呈。人们的聚居地有城有郊，城镇有大有小，各具有不同的功能和结构，城市中的生活内容多种多样，大的城市更是丰富多彩，兼容并包。城市的建筑有朴素有豪华，建筑质量有高有低，建筑形象有美有丑，建筑年代有古有今，形式上有中有外，位置上有中心有近郊，功能上有商业有文化等，正因如此，我们的环境才丰富多彩，不显呆板单调。

城市是由不同的人构成的，他们的教育、文化、价值观、经历各不相同。在对城市艺术审美趣味上，也是各有所好的，不能强求一律，只能是雅俗结合，“阳春白雪”与“下里巴人”并存，在城市美的创造上既要达到艺术的高水平，又必须具有雅俗共赏的特点。为大众喜爱的“波普”艺术（Pop Arts），不仅不能被否定，还可以用来增加城市的生活气氛与活力。当然，我们应当千方百计地创作出更多的优秀建筑，代表新的建筑文化水平，并努力减少与取缔低劣的设计作品，以免破坏城市的整体环境。

# 第五节　环境艺术的复杂性与广延性*

环境是人们生活、生产、社交等活动的场所，随着人们对各项活动的需求所表现出的复杂性和多层次性，环境艺术也就具有了相应的复杂性和广延性。

## 一　环境的多层次性

### （一）基本功能环境

人类活动的基本需要是要有一个满足使用要求的物态环境。此环境应具有使用上的便利、健康、安全、舒适之感。这一层次的环境设计着重于其中活动条件的满足与各种物质因素，并对这些条件与因素能够进行生理方面和物理方面的评价。我国长期以来在建筑设计中即以这一层次为设计的重点。此层次的要求乃是人类活动的基本需要，是第一类需要。如厨房、卫生间需要及时排除废气，地面不易于滑倒；起居室光线应充足；对于生产性建筑而言，其环境设计亦以功能为第一要求，如芯片的生产对温度、湿度，以及清洁度的要求有很高指标；伽马射线探伤室和X光机室的门、窗、墙，甚至楼板都要求有隔绝

---

* 参见张明宇：《环境艺术的缘起及创作特征》，载《建筑师》，1994（8）。

射线的能力等。

（二）感官信息环境

当基本功能要求满足后，便会有更高层次的追求。就环境艺术设计而言，要求设计过的环境能使人产生愉悦感的高质量感官信息，形成可视性优良的景观环境。当然，听觉、嗅觉、触觉等也相应地接受特定信息，但和视觉接受相比较，视觉是诸感觉中最为敏锐、最为准确、接受信息量最大的，因此，强调景观环境的设计，首先是美的视觉形式的设计，还要求光色环境、声环境的配合，甚至要求控制温度变化、增添香味，以创造不同环境下的特殊氛围。

从人对环境的感受而言，当人置身于某环境中时，往往还有一种超乎诸感觉的体验，似乎是各种微妙信息共同作用下所产生的丰富而又复杂的综合感受，它不同于某种单一感受，而是对环境空间或意境的综合感受，很多人都有过这种体验，我们不妨将其称为“场觉”——在某种场所、环境条件下的身临其境的感受。一般而言，在相同的条件下，人们的感受并不相同，因此，可以认为视觉中的主观成分占主导地位，是场所客观环境中各种信息因素引发了主观体验的机制。环境提供的感官信息数量，强度与清晰度，质量，信息作用时间的长短，信息的先后顺序——编排与组配，信息强弱的组配、变换过程与节奏——即信息源的设置、组织、编排，以及诸信息共同作用下人的心理反应等，都是环境艺术设计必须关注的课题。

就欣赏者而言，其所接受的感官信息，有类别、强弱、作用力度的不同，随传递时间、传递方向的变化，人的接受层次上有千变万化的差异。人的感官在连续而重复的刺激下存在着适应与疲劳的问题，新鲜感、敏锐感降低，甚至丧失感受能力，所谓“入芝兰之室，久而不闻其香；入鲍鱼之肆，久而不闻其臭”。视而不见，充耳不闻的现象是经常发生的。人的感官特性不同于科学监测仪器，科学监测仪器在有效工作期内，反应是客观的、不知疲倦的。人的感觉则不同，人的感官对信息的接受度与时间及消除疲劳的时间因人而异，对信息的新鲜感与灵敏度及节奏变换的能力，直接影响信息的接收与传递。环境艺术设计所创造的各类信息如何适度，如何进行编排，以适应人体感官的工作特性，这同样是环境艺术设计时必须考虑的内容之一。

（三）环境的精神文化性质

这里所指的是在物质环境中引发出来的精神文化性质，是在基本功能环境基础上引发的精神文化方面的效应。

爱美之心人皆有之。环境的审美设计使环境各要素能提供较多的愉悦信息，环境艺术设计是美的综合设计，在设计前，家具等要素的美是分散的、单个的，缺少相互关联。要使这些分散的形式美因素升华为整体的环境艺术，必须在设计中进行整体的、艺术的、具有文化意义的构成与编排，也就是通过环境艺术设计、创作的手段，创造空间之美。它将渲染出一种气氛，引发出一种意境，创造出符合一定文化内涵和特定精神需求的环境，以之激荡人的感觉和心境，使其产生舒适感、愉悦感和联想，或产生某种特定的情感，甚至激发心灵上的震撼。环境艺术能够陶情治性，通过艺术气氛与意境的引导、启示、感召、潜移默化的作用使人获得教益，提高人的审美情趣与精神素养。

在环境艺术设计中，审美价值和文化价值的设计有不少方法，如我国古代曾将文字因素引入环境设计，成为一大特色。《红楼梦》中讲大观园的修造时写道："偌大景致，若干亭榭，无字标题，任是花柳山水，也断不能生色"；相反，若题词则生景。可见适当的文字在生色生景上的重要性。我国各类建筑及碑碣等，多有匾额、楹联、诗文等，北京清华大学最早的建筑，在立面檐口下题有"清华学堂"四字，既标明建筑功能，又具有中国传统的题字品鉴味道，至今乃成为历史的一大景观（图1—11）；名山大川、旅游胜境，常设巨幅石刻大字或诗句。这些字章，或点题设注，或引发联想，以取得景外之感、景外之得。北京香山大佛有郭沫若题诗："山是一尊佛，佛如一座山"；杭州岳王墓门联为："青山有幸埋忠骨，白铁无辜铸佞臣"……这些文字章句，具有点题、加注和渲染意境之功用，乃画龙点睛之笔。当然，增色生景，应在相应之景上点之，才有锦上添花之效果；若点得名不副实，相去甚远，则会不伦不类，画虎类犬。

## 二　环境艺术要素的广泛性与空间的广延性

环境是个宽泛的概念，其领域可大可小：小者可以为一间居室、一间厨房；大可及一座城市、一个风景旅游区；一个环境总是处在另一个更大的环境之中。因此，大小环境之间，有着相依从、相搭接、相嵌合、相套叠、相关联等各种关系，由此形成了环境艺术设计的关联性、多样性和广延性。环境艺术设计的所谓环境，既有室内环境，也有建筑外观环境、广场环境、园林环境、城市与街道环境……在这些环境中，数量多、体量大、影响最大的是建筑。建筑是环境中的重要因素，杭州西湖因周边高大的建筑物干扰了尺度感而大煞风景，北京地安门几幢突兀的大楼使北海遭受同样的命运。故宫则因建筑的层层相套、严谨组织而壮丽无比。建筑于环境，真可谓“成也萧何，败也萧何”，在环境中举足轻重。此外，与建筑共同组成环境景观的还有雕塑、绘画等公共艺术设计。

传统的环境艺术设计充分利用自然、建筑、人造物等，营造不同的空间形式（图 1—13），以及通过光、色、声、味等各种表现、各种感官信息的因素，精心选择和安排而成妙境。现代科技的发展，出现了激光、电子车、音响设备，以及塑料、铝合金、不锈钢、各色玻璃等新型材料。这纷繁多样的物质与技术手段丰富了环境设计要素，为环境艺术设计提供了新的表现因素，开辟了创作新天地。

**图1—13　德国法古斯工厂**

## 三　环境艺术的多学科性质

环境艺术不是纯欣赏意义的艺术，它始终和使用联系在一起，其实现又和工程技术密切相关，是功能、艺术与技术的统一体。它和建筑有很多共同点，是一门将技术与艺术紧密结合起来的学问，在一定意义上也可以把环境艺术看做广义建筑学的组成部分。如果说“建筑学是一门创造人类生活环境的综合的艺术和科学”，那就可以说“环境艺术是创造人类生活环境的综合的艺术和科学”。环境艺术与建筑学相比，从文化内涵上更为深入，达到精神文化的更高层次，从形式上更具艺术品质。

环境艺术设计是融合了多门类的艺术学科，它不仅涉及艺术与技术两大方面，还与社会学、美学、人类工程学、行为学、心理学等学科有关，各种学科的交叉与融合，共同构成了外延广阔，内涵丰富，艺术与技术相结合的环境艺术。

# 第六节　环境艺术的创作特征

一切艺术都是一种创作，环境艺术由于其复杂性和多样性而有别于其他艺术的创作。环境艺术创作的灵感可来自两个方面：一是其固有的原生源流，其中包括材料美、工艺美，还包括灯光、激光、幻变等现代工业技术美等内容，是随其所用的材质、工艺、技术等而产生的；另一方面则是纯艺术在环境设计中的表现。纯艺术源于生活、高于生活，当它们和环境要素结合而返回生活时，则成为环境艺术设计中的重要组成部分。壁画、浮雕、装饰部件，环境雕塑、建筑小品等，都是固定在某些“环境面”上的艺术作品，此外还有帘幔、陈设、字画、摆饰、家具以及可以经常触摸、撤换的艺术品或工艺品。

从艺术的角度看，环境艺术设计的创作特征大致表现在以下几方面。

## 一　环境艺术是艺术与技术的结合

环境艺术和建筑艺术一样，具有大空间大体量的特征。作为其主体的建筑物，离不开品种极其丰繁而数量极为可观的建筑材料。其中既有传统技术制作的砖、瓦、水泥、陶瓷，也有现代新技术的产品：各类金属材料（铝合金、不锈钢、铜、铁等）、各类塑料、玻璃、织物等。环境艺术中展现物质材料本身的特性，也就表现了一种物质技术美。大空间的建构，还要有相应的技术和材料，环境艺术的设计与制作，必须和建筑材料、结构技术、装修构造技术以及建造技术结合起来，这是环境艺术赖以实施的必要条件。离开了工程技术就没有完整的、真正的环境艺术（图 1—13）。

## 二　环境艺术的使用特征

环境艺术不是纯欣赏性艺术，而是一种创造使用价值和空间的实用艺术。进行环境艺术设计时首先必须满足使用上的基本要求，做到便利、舒适、安全、健康。这是环境艺术创作的前提。不能设想，人们在无法使用的，或处处别扭的空间环境里还会有欣赏环境艺术的心情。因而环境艺术创作不可能忘掉功能上的目的性和使用上的实用性，绝不可能不顾服务对象的要求。

## 三　环境艺术的特定性

环境艺术是对特定环境的处理，是特定环境的创作。由于环境艺术的特定性，创作时必须考虑特定的环境中的诸多因素。大范围的如地域、民族、乡土、历史、民俗、民情，以及民众的新精神面貌等因素，小范围的如该环境的用途、服务对象、建筑的性格与表情、当地材料、当地的习惯及接受变异的能力等，诸特定因素融入环境艺术创作中，将会形成有特色的作品。

有特定之意，也有独到之笔，表现出环境艺术创作的特定性。

特定环境又是更大范围的整体环境的一部分。因此在设计中关注特定环境与整体环境的关系而采取相应的创作对策。设计师往往在设计中随空间的扩大与层次的延展，寻求功能与视觉感受上的关联性，找准自己的“位置”，进而根据需要对周边环境进行取、引、联或者合、断、屏的处理，或作呼应、协调、对比与突出等措施，以表现出特定性。我国古典园林的设计就有极强的个性，如北方主要是皇家园林，显示着皇家的富贵与豪奢。同时也因地处北方，天空与地面景色较单调，故多用重彩，以华丽而多色取胜。江南园林则多为文士之私园，素朴求趣，淡雅脱俗。又因其以山明水秀、天象多变、色彩浓重的南国自然环境为背景，故多崇尚素雅，青瓦粉墙、小阁凌波，笔墨不多而得万种风流。究南园取舍之法，有道是：“白本非色而色自生，池水无色而色最丰。”可知南北园的创作，各有其广阔的自然背景和深远的人文背景，即各自艺术创作上的特定性。

## 四　环境艺术是自然与人工的结合

环境艺术创作层次多、范围广，有的重巧为因借，借自然之景，借他家之景，是对自然的取引。有的重对自然的加工，所谓人工天成，也有重人工的创造。总之，无论侧重何法，均以自然与人工的结合而见长。即使是室内环境，也常使出“室内空间室外化”的手段，引入自然，或者通过表现物的质感、色彩、纹路等表现自然。

人工与自然的结合常有极佳的艺术设计效果并早就为人们所认识，如《园冶》中所谓：“眺远高台，搔首青天哪可问；凭虚敞阁，举杯明月自相邀。”楼台凌空的高处建筑，赋予人以遐思。陈志华先生曾借用王维诗句：“大漠孤烟（直），长河落日（圆）”来描绘人造的金字塔与浩瀚大沙漠相结合的壮阔气势。宋词有句为：“芳草有情，夕阳无语，雁横南浦，人倚西楼。”陈从周先生解释之：“无楼便无人，无人即无情，无情亦无景，此景关键在楼。”人工与自然的结合，以至生景、生情。

如上所述，环境的创造，重要的是自然与人工相结合，而通过人工的取舍、组织、加工与创作，常会高于自然、精于自然。大凡进入妙境，人们总是说：“人在画中游”。而且，见到好山好水好风景则常说：“江山如画”，从不说：“画如江山”，可见独具匠心的人工创造，往往可超越自然的表现力（图1—14）。

**图1—14　福建永定、南靖等地的土圆楼**（俗称“圆寨”）

## 五　环境艺术的时空感

环境艺术是集众美于一身的综合艺术，这种综合，依靠的是秩序的建构。自然之美和人们的美化活动，常是分散而单一的，孤芳独美。环境艺术则把自然界及人工的分散之美集合起来，集众芳之美于统一的环境之中。对于要素的集合与编排，设计师重视的是："第一个品格是秩序，没有秩序，我们的感觉就会引起混乱和困惑。另一个品格是变化。没有变化，就不能完满地刺激感官。"这种编排上的秩序与变化，乃是环境艺术创作的要旨。

当我们身临漏窗或眺望远景，看到的是两个不同的空间。置身境中或徜徉其间，则感受到三维空间和立体景物、外界空间全方位地传来各种感官信息，它们性质不同，强度各异，综合作用之下构成我们对"场"的心理感觉，即前文所说的"场觉"。场觉是人对环境的直接感受与当时心境共同作用而演化出来、激发出来的感觉。

天气变化，明晦翻转，四季轮回、物换星移，给我们时间的变化感。当我们在景中活动时，由于时间流逝的同时还有着空间上的变化、景物的变化，空间层次与空间序列随着时间的推移和沿着活动路线而不断展现，移步换景保证了感官刺激的新鲜感。景观可随创作者匠心独运的功夫表现出起伏、疾徐、节奏与韵律，产生音乐感。这种时空变化的综合作用下将引发更复杂的“场觉”，达到更复杂、更高层次的精神文化层面。

## 六　环境艺术表现的含蓄性与歧义性

环境艺术使用一种设计的艺术语言。中国人历来主张语贵含蓄，如苏东坡所谓“言有尽而意无穷”。环境艺术要以设计的语言之“境”感人，给人以整体的“场觉”，既忌标语口号化和过于直观的表达，亦忌艺术语言的泛滥与过分堆砌。杰拉扬的鱼汤再好，主人劝饮九大碗之后，客人必然大倒胃口，只能避席而逃了。传统的匾额楹联、诗屏字刻起导引和点题作用，如直接为之，地毯厂宿舍题名“地毯楼”，震后重建房屋名“抗震里”，还有“纺织楼”、“建工楼”等，则很难引起人们的审美联想。

环境艺术所使用的艺术语言是一种“形态语言”，又是一种非确定性的感性语言，此种语言的非确定性特质决定了环境艺术表现的含蓄性与歧义性。含蓄的艺术是宽容的艺术，它不那么武断，不那么盛气凌人，仿佛是和观者一同讨论和探讨生活的真谛，引发观者联想和对生活的回味，同时也默默地容许各人有不同的感受和理解，从而也导致了环境艺术欣赏的歧义性。这正如听众对音乐之感受与理解，可以因人而异，各人有各人的理解再创造过程。各种标题音乐和无标题音乐，小夜曲和奏鸣曲，街头小唱和阳春白雪，作品层次越高，意境越深，人们欣赏后体会与理解的差距也往往越大。环境艺术的感受也是如此，对环境艺术的感受依欣赏者的年龄、性别、文化、职业、种族、经历、信仰、兴趣、身体状况、社会联系等方面的不同而异。作为信号接受者的人各有其较敏感的“频段”，或者说，有各自的“频谱响应特性”。多波段广谱型的人只是少数。环境提供的感官信息则如同电台所发射的某些节目，随不同的针对性而有不同的频段。人们取舍有所不同，选取节目的志趣各异，或者感受而引人共鸣的频段各异。况且，环境艺术所使用的是比电台节目更具模糊性的感觉语言，观者有各自的感受和派生联想，从而产生合理的歧义性，仁者见仁，智者见智，尽管各人感受到的东西不完全相同，但均得其乐，各得其趣。这种欣赏上的歧义性，有助于做到雅俗共赏和艺术设计的百花齐放。

环境艺术以其含蓄性使人产生遐思联想，给人以再创造的余地，给每人提供了发挥想象力的机会。含蓄性使对环境艺术的体会达到意味无穷的境地。诗论有云：“诗有可解、不可解、不必解者也。”环境艺术含蓄性的大义盖与此通。

# 第2章

# —环境艺术中的空间、光与色—

城市、村镇、街道、建筑、人群、植被、动物构成了我们今天的生存空间，作为这个空间主体的人，征服了自然，改造了自然，为自己搭造起了房屋、设立了街道，生产了生活用具和生产用具，使这空间里的一切都为人所用。可以说，人的生存空间是人通过自己的劳作创造出来的，这一空间即我们所说的环境空间，当他经过艺术设计之后，即成为一个环境艺术空间。在环境艺术设计中，空间是一个十分重要的概念，只有在空间中我们才能生活和发展。

## 第一节　空间的构成与界定

### 一　空间的规划

空间的规划是空间得以建立的基础，而这个规划的首要工作是区分空间，对于设计师而言，常以图形的方式将空间在平面上的合理布局绘制成平面图。平面图几乎是一种完全脱离实物的抽象划分，然而平面图却是我们要整体地了解建筑及其内外环境这一有机体的第一手资料。不管平面区划的设计合理与不合理，它都是确定建筑空间及其周围环境设计艺术性和美学价值时的最重要的原始凭证。建筑大师勒·柯布西埃在他的教学中曾指出："平面是根本"，他的这种观点源于他对建筑及其环境设计的具体实践，同时也与他长期致力于该领域优秀项目的研究分析分不开。他的这一观点得到了大多数人的赞赏，甚至被奉为真理。的确，一个完美正确充实的平面布局，是实现一个建筑环境整体效果的根本所在。平面在形式与功能上的作用在一定程度上决定了整体环境的布局形式和功能分布，因而平面是基础，平面是根本，这个说法丝毫也不过分。图 2—1 是瑞士建筑师马里奥·博塔为法国巴黎近郊小城伊沃希所作的大教堂平面设计图，它表现了新建筑与原有环境的关系，并以此确保新空间与原环境的相互协调。

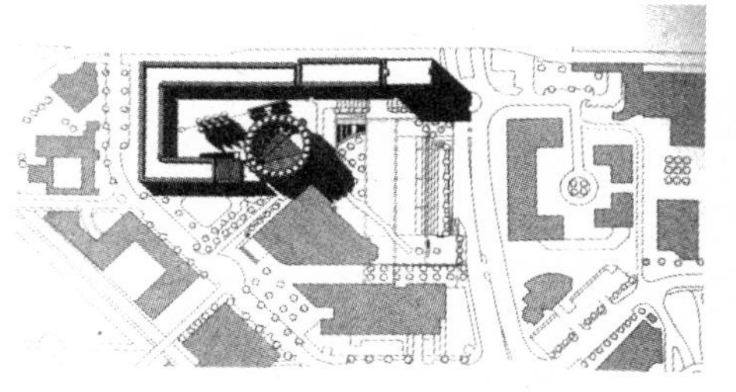

**图 2—1　法国伊沃希大教堂平面图**

平面图的所谓平面，是环境艺术设计师为其设计对象的立体空间结构所作的一个图示，是一个基本的整体布局。它是设计准则的反映，即整体的布局与规划先于其他一切，先于造型、先于结构、先于装修、先于细节。这是一个纯粹抽象的设计创作过程，是理性与浪漫的结合。在这个基础之上，环境艺术设计才能有的放矢，才能按部就班，有原则、有章法地得以实现。

我们时时刻刻都生活在空间中，时刻能够体会空间的存在。图 2—2 是法国建筑师鲍赞巴克设计的巴黎音乐城的平面图，从这张图中我们看到了涂黑的墙体，将外部（或称为城市空间）

与内部（或称为建筑物本身）的空间分隔开来了。实际上每座建筑物都或多或少地打断了空间的延续性，并得到明确的划分，使得处于建筑内部的人无法看清外部的情况；反之，每座建筑也都阻隔了外部观者的视线。但建筑的目的即在平面图中所予以突出的东西，并不是那些实墙，而是那些由墙围合在内的空间，也就是说，建筑的真正意义在于其内部空间中。我们所看到的建筑外观可能是一座体积与立面形式都十分动人的物体，但对于建筑的需要者——使用者来讲，真正的价值意义在于其内部可使用的“空间部分”，没有功能上完善的内部空间，再漂亮的外形和再合理的结构都是无意义可言的。

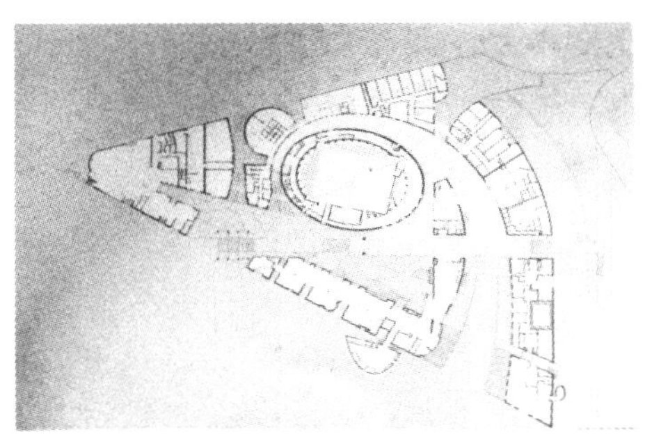

**图 2—2　法国巴黎音乐城平面图**

室内环境与室外环境的结合与统一，即一个有整体意义上的环境艺术，这是我们要观察鉴赏的全部内容，因为一个优良的内部空间如果没有外形和环境上的呼应与统一，也不是件完美的作品。当代建筑大师马里奥·博塔设计的旧金山现代美术馆，该建筑处于楼群的夹缝之中以其独到的设计，成为整体环境的视觉中心和当地环境的标志性建筑，其原因在于它既与原环境相协调，即在建筑立面上的装饰符号同前广场的装饰符号相一致，选材上与远处红砖建筑相互呼应，在高度与形式上与周边建筑有其同一性与协调性，又与周边建筑有明显的形式与色彩上的区别，从而形成了这种既协调一致又别具特色的整体环境。

环境艺术设计是一门安排空间的艺术，设计师通过各种手法去结构和创造空间，形成一定的空间组织关系和一定的空间组合。

（一）空间的组织关系

1. 空间内的空间

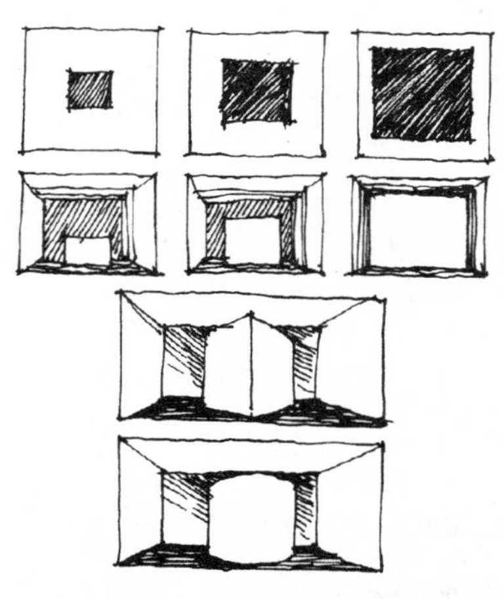

**图 2—3　空间内的空间图解**

空间内的空间是一个大的封闭空间包含的小空间，两者之间很容易产生视觉上空间的连续性。一般两者之间尺寸应有明显差别，通常可以是相同形状而方向各异的一个空间或不同形体而方向相同的空间，并刻意增强独立性，同时留出富有动态的剩余空间（图 2—3）。

2. 穿插式空间

它是由两个空间其范围相互叠加而形成的一个公共地带，

但原来两个空间仍保持各自的界限及完整性。这种穿插表现为三种形式：第一，公共部分为两个空间共有；第二，穿插部分与其中之一合并，并成为其体积的一部分；第三，穿插部分自成一体，成为二空间的连接部分（图 2—4）。

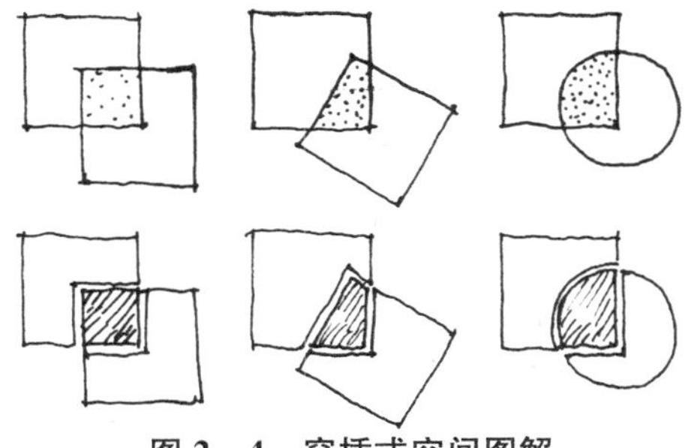

图 2—4　穿插式空间图解

3. 邻接式空间

这是最常见的空间形式，它允许各空间根据各自的功能或者象征意图的需要进行划定。相邻空间之间的视觉感受及空间的连续程度取决于把它们分隔又联系在一起的面的形状和特点。其分隔面可以是限制两个邻接空间实体的连续，这种分隔可增强二空间的独立性并使二者相异；又可以是一个设置在单一空间的独立面，这种方法使空间不会绝对分开，空间有所连续和延伸，同时又有灵活性；还可以是用一列柱子或两根柱子来分隔，使空间具有连续性与渗透性；再一种就是以空间中不同的高程或表面处理变化来作为分割的暗示，如部分做地台，部分降低标高，或者将两部分用不同的色彩和肌理的墙面做区分（图 2—5）。

4. 以过渡空间作连续的空间

相隔一定距离的两个空间，可由第三个过渡空间来连接或

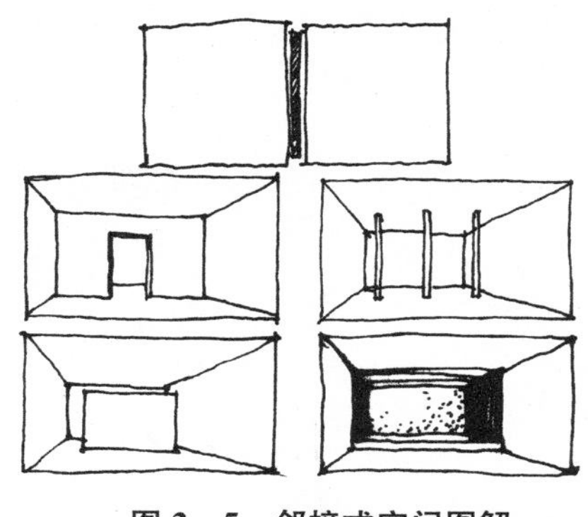
图 2—5　邻接式空间图解

联系。在这种空间联系中，过渡空间的特征意义重大。其中过渡空间的形式可与被联系的空间完全不同，以示它的作用；也可以尺寸、形式完全一样，形成一种空间的线型序列；还可以采用直线式，以联系两个相隔空间或者一连贯空间；如果过渡空间足够大，它则可以成为这种空间关系的主导，具有将一些空间组织在其周围的能力；另外，过渡空间的具体形式可由其所联系的空间的朝向来确定（图 2—6）。

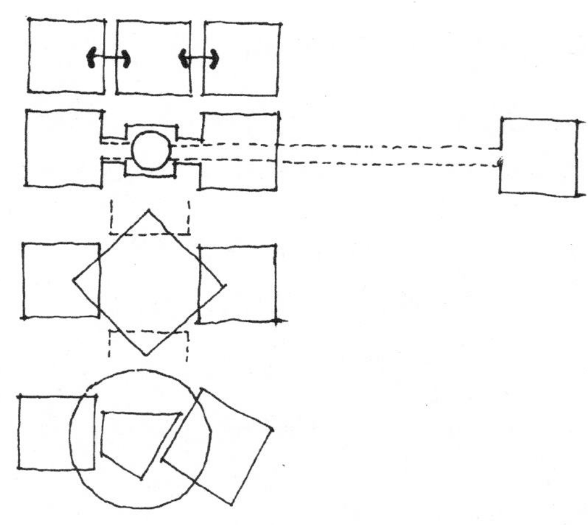
图 2—6　连续的空间图解

### （二）空间的组合

#### 1. 空间组合的要求

在典型的建筑设计纲要中，对不同的空间有着不同的要求，而这些要求中一般是存在着共性的，即：（1）具有特定的功能和形式；（2）使用上有机动灵活和自由处理性；（3）具有独一无二的功能性和意义；（4）同功能相似而组成为功能性的组团或在线性序列中重复出现；（5）为采光、通风、景观与室外空间的通连性需要适当的向外开发；（6）因私密性而必须隔开；（7）需易于人流进出。

一个空间的重要性、功能性和象征作用因其在空间中的位置而得以显示。具体情况下，其形式取决于：纲要中对功能的估计、量度的需要、空间等级区分、交通、采光或景观的要求等；根据建筑场地的外部条件，允许组合形式的增加或减少，或者由此促使组合对场地的特点进行取舍。

#### 2. 空间组合的形式

在设计中，常见的空间组合形式分为集中式、线式、辐射式、组团式和网格式五种。

（1）集中式组合：是一个向心的稳定的结构。一般由一系列的次要空间围绕一个大的占主导地位的中心空间构成。中心空间的尺度要足够大，并大到足以将其他次要空间集中在周围。

次要空间的功能、尺寸可以完全相同，从而形成规则的、两轴或多轴对称的整体造型；也可以互不相同，以适应各自不同的功能需要和相对的重要性及周围环境的要求。集中式的组合本身无方向性，因而应将通道和入口的位置设置于次要空间并予以明确的表达。其交通路线可以是辐射式、螺旋式（图 2—7、图 2—8）。

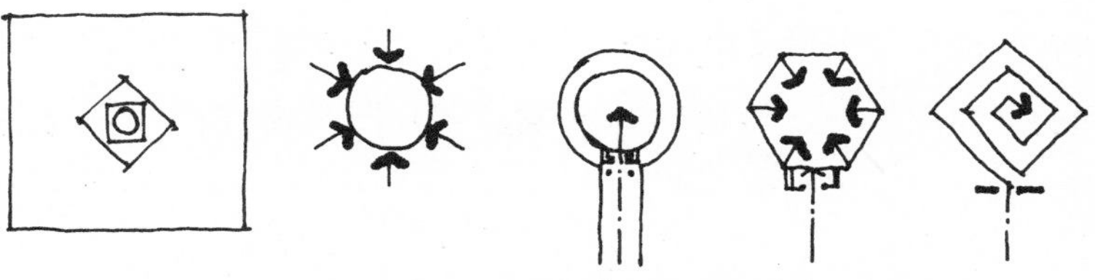

**图 2—7　集中式组合图解**

**图 2—8　集中式组合**

（2）线式组合：通常由尺寸、功能完全相同或不同的空间重复出现而构成，这两种组合序列在每个空间处都有向室外的出口。这种组合中，功能性或者在象征方面具有重要意义的空间可以出现在序列的任何一处，以尺寸、形式来表明其重要性。也可以通过所处的位置，如序列的终端偏移出线式组合或处于扇形线式组合的转折处。线式组合的特征是“长”，因此它表达了一种方向性，具有运动、延伸和增长的倾向。为使延伸感得到控制，线式组合可以终止于一个主导空间，或一个特别设计的入口，或者与场地、地形融为一体（图2—9、图2—10）。

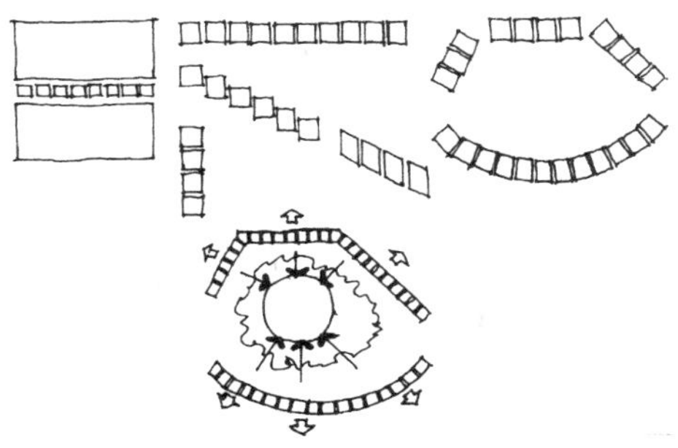

**图2—9　线式组合图解**

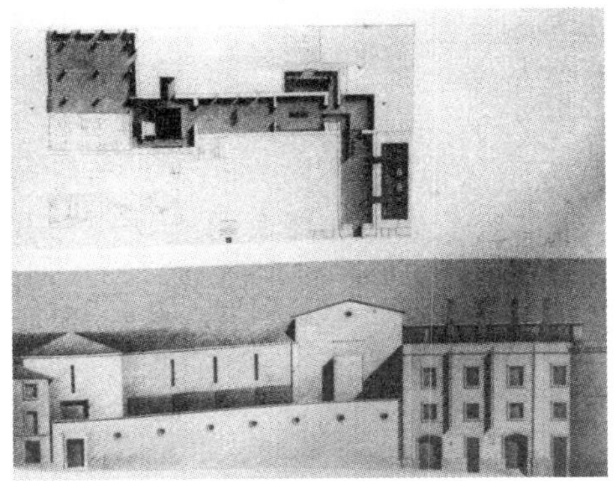

**图2—10　线式组合**

线式组合具有形式上的可变性，容易与场地环境相适应，如环绕一片水面、树林，或改变方向形成良好的视野或采光，它既可以是直线又可以是折线、弧线，可以水平横贯，也可沿坡地斜插，还可以如塔般耸立。它可以横向组合其他形式；可以作为一面墙或障碍物，将其他形式阻隔开来；还可以将其他形式环绕或封闭在一个空间区域之内。

曲线和折线式的组合，在其凹的一面围起一个室外范围，并使组合的空间产生向该中心的倾向性；另一侧则起到隔离外空间作用。

（3）辐射式组合：集中式及线式组合的要素兼而有之，它由一个主导的中央空间和一些向外辐射舒展的线式空间组合而成。集中式组合是一个向心的聚集体，而辐射式组合则是一个向外的扩张，通过其线式“臂膀”向外伸展，并与场地特点和建筑场地的特定要素相交织。与集中式组合相同，辐射式组合的中央空间一般也是规则的，其“臂膀”可以是在形式、尺度上相同或不同，其具体形式根据功能及环境要求来确定。辐射式组合有一个特殊的变体，即风车图式，其线式臂膀沿着正方形或规则的中央空间的各边向外延伸，形成一个富于动势的风车翅，视觉上产生一种旋转感（图2—11、图2—12）。

（4）组团式组合：通常是由重复出现的格式空间组成，这些空间一般有相类似的功能，并在形状、朝向等方面有共同特

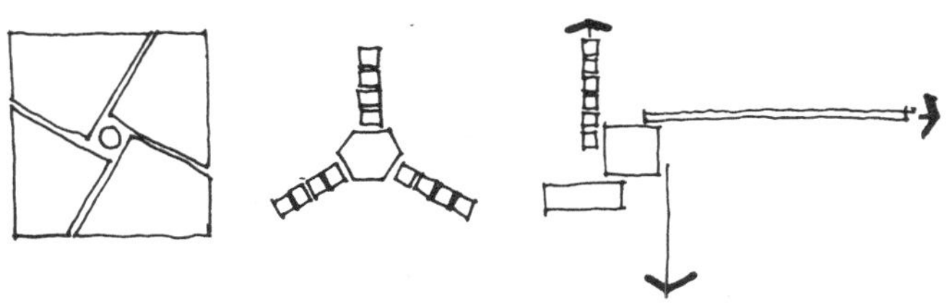

图 2—11　辐射式组合图解

图 2—12　辐射式组合

征。当然其组团也可以是形状、功能、尺寸不同的空间的组合。这些组合都由紧密连接的墙体和诸如对称轴线等视觉上的一些规则手段来建立联系，因而组团式组合的图案并不是来源于某些固定的几何形状，而是灵活多变的。这种组合可以将建筑物的入口作为一个点，或者沿着一条通道来组合其空间。这些空间可以形成组团式布置在一个划定的范围内，或一个空间体积的周围。此类组合，无集中式的紧凑性和几何规则性（图 2—13）。

在设计表达的图形中没有固定的重要位置，因而必须通过图形中的尺寸、形式或者朝向，才能显示出某个空间所具有的特别意义。在对称及有轴线情况下，可用于加强和统一组团式组合的各个局部，有助于表达某一空间或空间群的重要意义（图 2—14）。

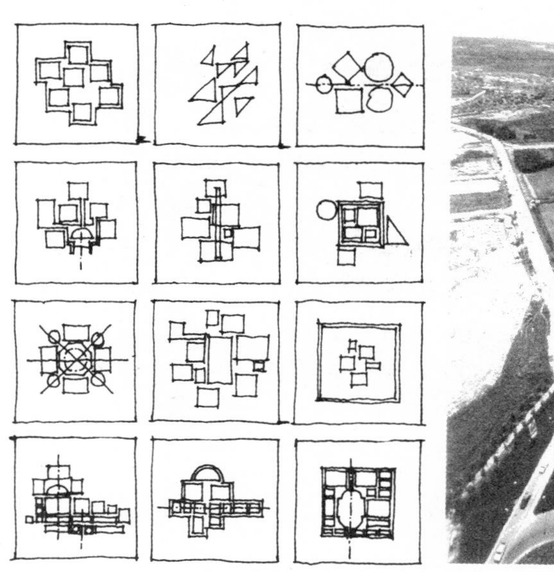

**图 2—13　组团式组合图解**

**图 2—14　组团式组合**

（5）网格式组合：是通过一个网格图案或范围而得到空间的规律性组合。一般由两组平行线相交，其交点建立了一个规则的点的图案，这就形成了网格，再由网格投影成第三度并转化为一系列重复的空间模数单元。而其网格的组合力则来自于图形的规则性和连续性，它们渗透在所有的组合要素之间。网格图形在空间中确定了一个有参考点和参考线所连成的固定场位，因此，即使网格组合的空间尺寸、形状或功能各不相同，仍能合为一体，并且有一个共同的空间关系。在建筑中，网格大都是通过骨架结构体系的梁柱关系建立起来的。在网格范围中，空间既能以单体形式出现，也能以重复的模数单元出现。且无论这些形式的空间在该范围内如何布置，如果把它们看做“正”的空间形式，那么就会产生一些次要的“负”空间形式。网格式的组合由于为重复的模数空间组合而成，因而可以方便地进行削减、增加或层叠，依然保持网格的同一性，具有组合空间的能力。为满足空间量度的特定要求，或明确一些作为交通和服务空间地带，可使网格在一个或两个方向呈不规则式；或因尺寸、比例、位置的不同造成一种合乎模数的、分层次的系列。另外，网格也可以进行诸如偏斜、中断、旋转等变化。并能使场地中的视觉形象发生转化——从点到线，从线到面，以至最后从面到体的变幻（图 2—15、图 2—16）。

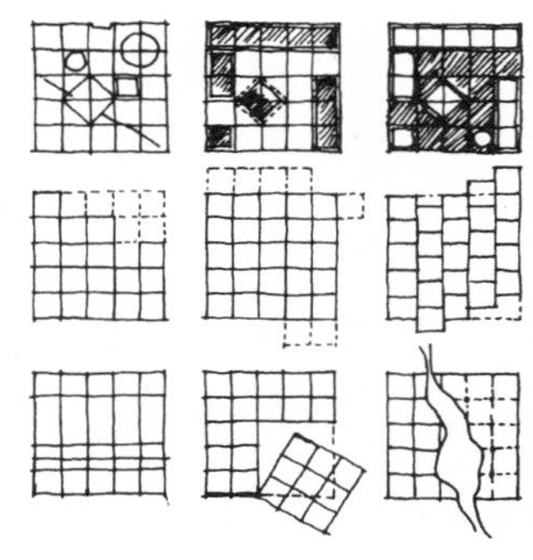

图 2—15 网格式组合图解

图 2—16 网格式组合

在组合形式的设计中，我们还要考虑这种组合形成了什么样的空间，其空间的位置如何，它们之间是如何划分的？空间与空间之间、空间的内与外部的关系如何？组合入口的位置、大小、形状，交通道路采用的形式如何？组合的外部形式及其与周围环境的结合是不是协调等问题。

## 二 空间的围合

在建筑物中，每一个空间形式和围合物，不是决定了周围的空间形式，就是被周围的空间形式所决定着。而每一种空间形式，在限定空间方面都有它的主动和被动的作用。这里，我们把围合空间的元素简单地分作水平因素和垂直因素二种，并就二者对空间起的围合及分割作用进行分析。

### （一）水平要素限定下的空间

基面：一个水平方向上简单的空间范围，可以放在一个相对的背景下，被限定了尺寸的平面可以限定一个空间。基面有三种情况：地面为基准的基面（图 2—17）；抬到地面以上的水平面，可以沿它的边缘建立垂直面，视觉上可将该范围与周围地面分隔开来，为基面抬起；水平面下沿到地面以下，能利用下沉的垂直面限定空间体积，为基面下沉。抬起的基面可以划定室内室外之间的过渡空间。和屋顶面结合在一起则会发展成一种半私密性的门或廊道；在建筑物内部的空间里，一个抬起的地面则可以限定一个空间，作为其周围活动的一个通路，它可以是观看周围空间的平台，也可以是让四周观看它的舞台；还可以用于室内一个表达神圣或不寻常的空间；在住宅里，它还可以作为将一个功能区与其他功能空间相区分的设计手法，下沉的基面可以创造一种渐变的高程，使下沉空间与周围空间之间形成空间的连续性，下沉于周围环境中的空间，暗示着空间的内向性及保护性（图 2—18）。

**图 2—17　水平地面平展、阔朗，是承载建筑的基础面**

**图 2—18　埃皮道鲁斯剧场**

顶面：如同一棵大树在它的树荫下形成了一定的绿荫范围；建筑物的顶，也可以划定一个连续的空间体积，这取决于它下面垂直的支撑要素是实墙还是柱子。屋顶面可以是建筑形式的主要空间限定要素，并从视觉上组织起屋顶面以下的空间形式。如同基面的情形一样，顶面可以经过处理去划分各个空间地带。它可用下降或上升来变换空间的尺度，通过它划定一条活动通路；或者允许顶面有自然光线进入。顶棚的形式、色彩、质感和图案，可以经过处理来改进空间的效果或者与照明结合形成具有采光作用的积极视觉要素，还可以表示一种方向性和方位感（图 2—19、图 2—20）。

（二）垂直要素限定的空间

垂直形状，在我们的视野中通常比水平面更加活跃，因而

图 2—19　巴黎新区拉德·方斯之门

用它限定空间体积会给人以强烈的围合感。垂直要素还可以用来支持楼板和屋顶，它们控制着室内外空间视界和空间的连续性，还有助于调节室内的光线、气流和噪声等。

图 2—20　哈蒂德设计的“火”酒吧

常见垂直要素有：

（1）线的垂直要素，可以用来限定空间体积的垂直边缘，如柱子，一根柱子处于不同方位有着不同作用，但它若在空间中独立，则可以限定房间各个空间地带；两根柱子则可以形成一个富于张力的面，三个或更多的柱子则可以安排成限定空间体积的角（图 2—21）。

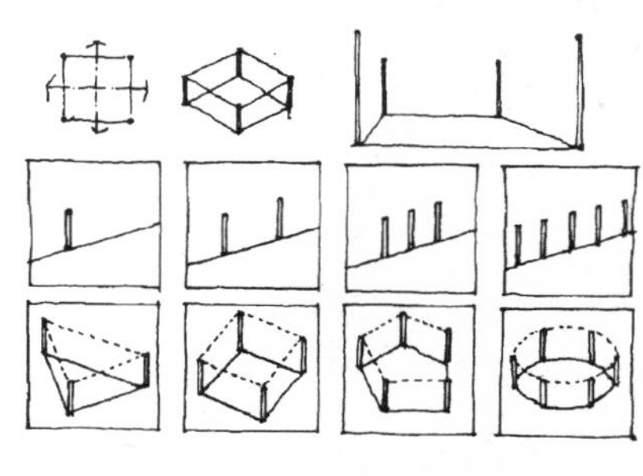

**图 2—21　线的垂直要素图解**

（2）一个垂直面将明确表达前后面的空间。它可以是无限大或无限长的面的部分，是穿过和分隔空间的一个片，它不能完成限定空间范围的任务，只能形成一个空间的边界，为限定空间体积，它必须与其他形式要素相互作用。它的高度的不同影响到其视觉上的表现空间的能力。当它只有 60cm 高时，可以作为限定一个领域的边缘；当它齐腰高时，开始产生围护感，同时它还容许视觉的连续性；但当它高于视平线时，就开始将一个空间同另一个空间分隔开来了，如果高于我们身高时，则领域与空间的视觉连贯性就被彻底打破了，并形成了具有强烈围护感的空间（图 2—22、图 2—23）。

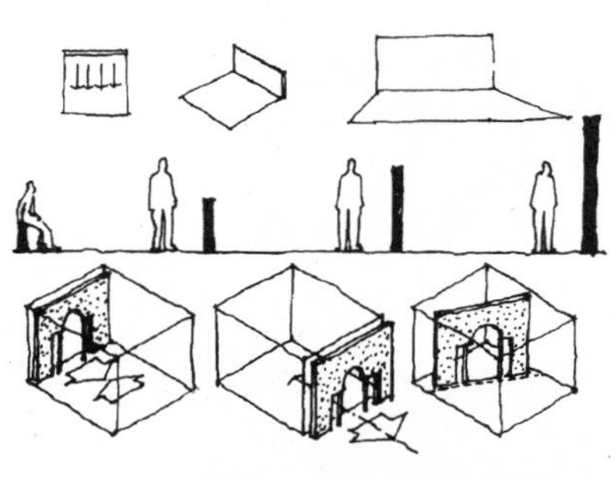

**图 2—22　一个垂直面对它前后空间的限定图解**

（3）一个“L”形的面，可以形成一个从转角处沿一条对角线向外的空间范围。这个范围被转角造型强烈地限定和围起，而从转角处向外运动时，这个范围就迅速消散了，

**图 2—23　大空间中一段色彩突出的墙面**

它在内角处有强烈的内向性，外缘则变成外向。“L”形面是静态的和自承的，它可以独立于空间之中，也可以与另外的一个或几个形式要素相结合，去限定富于变化的空间（图 2—24）。

（4）平行面，可以限定一个空间体积，其方位朝着该造型敞开的端部。其空间是外向性的。它的基本方位是沿着这两个面的对称轴的。沿造型开放端空间范围的确定，可以通过对基面的处理，或者增强顶部构图要素的方法，从视觉上得到加强（图 2—25）。

图 2—24　两面色彩突出的黄色墙面形成“L”形转角处，自承和静态的空间被用作会谈区

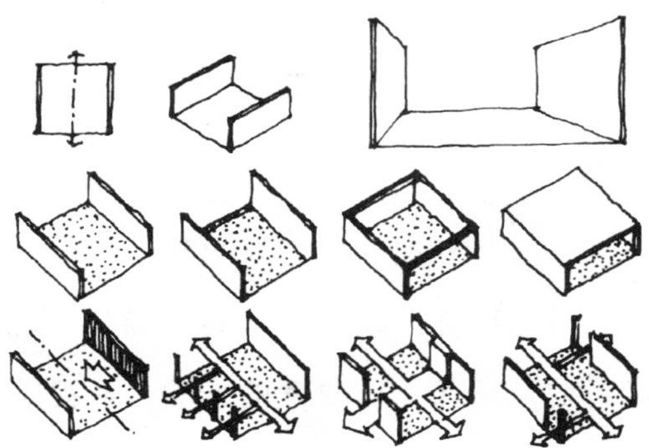

图 2—25　平行面限定的空间图解

（5）“U”形面可以限定一个空间体积，其方位朝着该造型敞开的端部，在其后部的空间范围是封闭和完全限定的，开口端则是外向性的，是该造型的基本特征，因为相对其他三面，它具有独特性的地位，它允许该范围与相邻空间保持空间上和视觉上的连续性。若把基面延伸出开口端，则更能加强视觉上该空间范围进入相邻空间的感觉，而与开口端相对的面则为三面墙的主墙面。若在造型的转角处开口，则该空间会造成几个次要地带，使其呈多向性和流动性。如果通过该造型开口端进入这个范围，在它后部的主立面处设置一物体或形体，将结束这个空间的视野。如果穿过一个面进入该领域，开口端以外的景象，将会抓住我们的注意力，并结束序列。如果把窄长的空间范围中窄端打开，该空间将促使人们运动，并对活动的程序和序列起导向作用；如果将长端打开，空间将很容易被继续划分。如果空间是正方形的，那它将呈现静止状态，并有一种处于场所之中的状态。空间的 U 形围护物，可以在尺度上有大幅度变化，小到房间的壁龛，大到一个旅馆或住宅的房间，一直到带拱廊的室外空间，去组成一个完整的建筑综合体（图 2—26）。

（6）四个面的围合，将围起一个内向的空间，而且明确划定沿围护物周围的空间。这是建筑空间限定方式中最典型，也是限定作用最强的一种。在该范围的各面不设有洞口时，它是不

**图 2—26　阿尔多·罗西的布纳范腾博物馆**

可能与相邻空间产生空间上和视觉上的连续感的。洞口的不同尺寸、数目和位置也会削弱空间的围护感，同时还影响到空间流动的方位，影响到采光的质量、视野以及在空间的使用方式和运动方式。明确限定和围起的空间范围在各种尺度级别的建筑物中均可找见，大到城市广场，建筑物的内庭，小到建筑组合中的一个房间，无所不有（图 2—27、图 2—28）。

## 三　空间的类型

空间是多种多样的，通常因使用方式的不同可以把空间分作几大类：共享空间、母子空间、私密空间、交错空间、动态空间、静态空间、悬浮空间、虚拟空间和不定空间等。

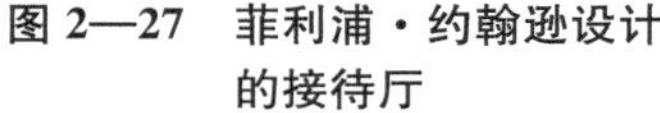
图 2—27　菲利浦・约翰逊设计的接待厅

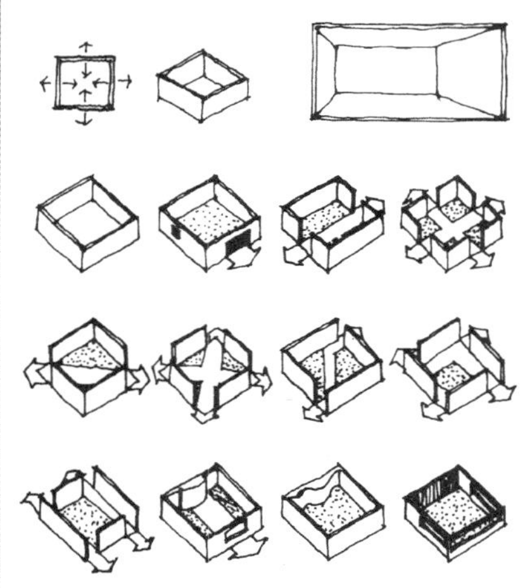
图 2—28　四个面的围合形式图解

共享空间：多为较大型公共空间中设置的公共活动和公共交通的中心空间，一般空间比较高、大，常为各种组合形式的中心场所。其中含有多种空间要素和公共设施，人们在共享空间中可体会到物质上与精神上的双重满足，即兼具服务性、休息性双重功能；这里既有多个服务设施，又引入室外灿烂的阳光，潺潺的流水和茂盛的花木，建筑物整体的特色和性质，在这一环境空间得到全面的体现。空间处理上可大也可小，但基本上保持有天顶采光或玻璃幕墙、观光梯、自动扶梯、大面积植物及流水的设置，整体环境光洁华丽，富于动感（图 2—29）。

图 2—29　共享空间

母子空间：是空间二次分割形成的大的功能空间中包容小的空间的结构。构成这种空间的手法很多，有时是在大空间的实体中划分出小空间，有的则以虚拟象征的手法形成屋中屋、楼中楼、店中店的空间格局。这样既不脱离大空间的功能，又令小空间各自独立，互不干扰，同时又丰富了空间层次。其划分方式往往是大空间中有有序排列的小空间，形成富有韵律的空间形式，使空间利于生成群体对个体的接纳性。

私密空间：是有明确围护物的内向的、有较强围护感的空间，它与其他空间在视觉上、空间上都没有或只有很小的连续性，以保证空间使用上的相对独立性、安全性和保密性。如住宅中的空间安排，酒店中的单间雅座等都是为了增强相对的独立性和私密感（图 2—30）。

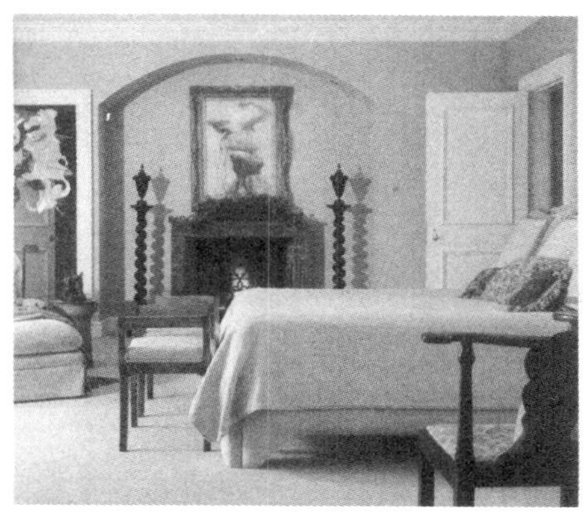

**图 2—30　私密空间**

交错空间：指的是比我们通常所见的空间更加复杂有趣的空间，它可能是平行围合面的交错、穿插和错位，形成上下的交错叠加，相互覆盖，相互穿插。从而形成的类似城市中立交桥一样的主体交通空间。这种空间便于人流的疏散组织，空间有流转变化、相互交融、丰富多彩的意趣（图 2—31）。

**图 2—31　巴黎自然历史博物馆**

**图 2—32　变化的光线，富于动态感的动物群像，上下运行的观光梯，穿行其中的人流，形成一个动态的空间形式**

动态空间：多以运动着的物体、人流以及变化着的画面，闪烁变幻的灯光化的音乐等来体现出一种强烈的动感，使人身临其中不仅能体会到空间的尺度感还能体会到时空结合的“四维空间”。其常用手法有，垂直上下的外露观光梯，交错而行的自动扶梯、动感雕塑、电视机、投影屏，闪动的画面，时强时弱的背景音乐、交错穿插的人流，对比强烈的色彩、图形，光怪陆离的灯光影像等，旨在表现一种生动活泼，淋漓尽致的趣味空间（图 2—32）。

静态空间：动态空间给人印象深刻，又极易出效果，是设计师热衷的题材，但长时间处于该环境会令人烦躁不安，需要另类空间——静态空间。动静结合是人的正常生理需要，因而静态空间的设置必不可少。一般静态空间的空间限定性较强，基本为封闭型，或者是某空间的一端即空间序列的终端，因而处理上不会受其经过空间的干扰，容易处理成安宁、平衡的静态效果。常以对称、向心、离心、偏心等构图手法进行设计，比例适度、色调淡雅、光线柔和、造型简洁平稳、视线平行，无引发强制性的视线导向（图 2—33）。

悬浮空间：属小范围空间设计手法，却是可以令空间更为灵动、别致、与众不同的高招，常出现在空间垂直面上，表现为悬吊或悬挑出的小空间凌驾于大空间的半空之中，颇具独立性和趣味性（图 2—34）。

**图 2—33 水平的线条和高度围合性的空间，形成一个静态的自承的空间形式**

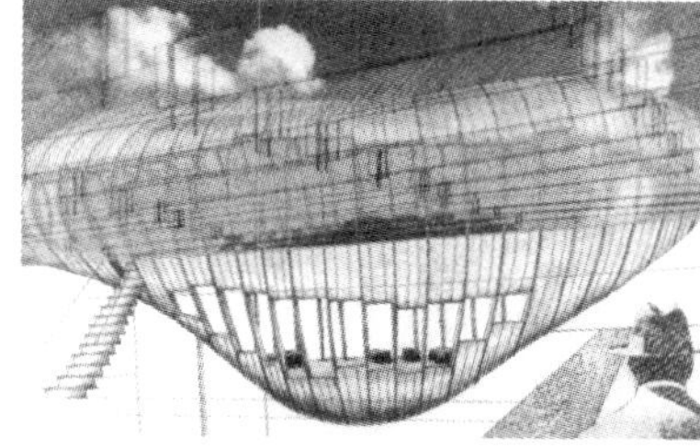

**图 2—34 悬浮空间**

虚拟空间：可称为非空间的空间，完全依靠观者的联想和心理感受来实现。它一般存在于母空间之中，但又有相对的独立性。它可能是借助一片绿化、一组小隔断、几件家具及陈设、

图 2—35　由悬索篷架构成的虚拟空间

一泓清水、两个不同色彩、两种不同材质、两个不同标高等设计，手法非常简单，但较易形成空间中带有提示作用的重点和视觉中心（图 2—35）。不定空间：是一种没有绝对界线，又充满矛盾性和不固定性的空间，空间围合形式上的模棱两可，使空间介于自然与人工、室内与室外、公共活动与个体活动之间，是矛盾双方的相互交叠、渗透和相互增减，是增一分偏左、减一分偏右的恰到好处的设计。这种空间的不定性，与我们心理上的模糊性是相互呼应的和相互吻合的，因而这种空间的存在有其合理性。

综上所述，建筑中的空间形式是多种多样的，不同空间形式之间有时是交叉的和彼此融合的关系。它们或复杂或单纯，或迷离或清晰，都是以人的需要为出发点来设计和组织的，无论是其中哪一种空间，它若能与处于该空间的人内心达成共鸣，使之感动、激动，并能表达出发自内心的赞叹，至此，空间的功能和空间的精神内涵才得以进一步的升华和深化。

## 四　空间的分割

### （一）空间分割的方法

空间是分割的结果，从分割方法上看有以下几类：

1. 绝对分割

图 2—36　绝对分割的空间

利用实体界面对空间进行高限定性的分隔，这样分隔出来的空间具有绝对的界限，是封闭性极强的。这种分割形成的空间，一般隔音性、视线阻隔性都很好，具有私密性、领域性和抗干扰能力。但与外界的流动性较差，在良好的设施下能保证良好的温度、湿度和空气清新度（图 2—36）。

2. 局部分割

具有界面的不完整性，通常用片断的界面，如不到顶的隔墙、隔断、屏风、高家具等来划分，限定度较低，因而隔音性、私密性等受到影响，但空间形态更加丰富，趣味性与功能性都会增强（图 2—37）。

图 2—37 局部分割的空间

3. 弹性分割

是一种可以根据要求随时移动或启闭的分隔形式，这种分隔可使空间扩大或缩小。通常用可推拉隔断、可升降的活动隔断、幕帘、屏风、家具及陈设等进行分隔，以形成灵活、机动的空间形式。

4. 虚拟分割

一种低限定度的分割形式，其界面模糊，甚至无明确界面的分割形式，但却能通过“视觉完整性”这一心理效应达到心理上的划分，因而是一种不完整的、虚拟的划分。常用手法极多，可以是高差、色呈、灯光、材质，甚至气味的变化，也可以是花罩、栏杆、架格、垂吊物、水体、家具、绿地等，这种分割流动性强，做法简单，但行之有效，可以创造出尽量丰富的深层面空间，是陈设品用来分割空间的典范（图 2—38）。

**图 2—38 虚拟分割的空间**

(二) 空间分割的元素

从设计的角度看，空间分割是依靠分割的元素来完成的，分割元素包括建筑本身基本界面、各种构架、水体及绿化，以及照明、陈设物等。

1. 界面

包括平行界面，如地面、天花；垂直界面，如内墙、隔墙、隔断等。从表面上看结构墙与轻质隔墙在刷上涂料后没有区别，只有薄厚不同而已，但结构墙所承受的重量和各种力度要比普通隔墙大得多，而轻质隔墙是基本不受力的，因而在分割与改造原来立面的时候，对承重结构墙的改造要慎重，从而保证建筑的整体强度不被破坏。内墙是室内分割中最大的一部分面积，因而内墙的内容及风格直接影响内部环境的整体风格（图 2—39)。以内墙做空间划分时，内墙本身的形式可以是非常丰富

图 2—39　卢浮宫地下入口处

的，其结构可以是暴露的、部分暴露的，结构也可以被全部掩盖，以装饰的立面形式出现；还可以是柱子与连廊形式结合的开敞性的分割（图 2—40）。隔断或屏风，一般不列为垂直分割，是非完整界面的分隔，但通过“视觉完整性”的设计，在心理上形成完整分隔。隔断的形式极其丰

图 2—40　利用建筑中的柱子与连廊的关系，自然划分开来的空间自然、连贯，有一定的视觉延展性，形成通透的开敞式空间

富，可以是一字形、L 形、U 形、H 形以及立面开洞式、曲线形、不规则形等，因地制宜，设计灵活机动，可以形成绚烂多姿的环境气氛（图 2—41）。

**图 2—41　“U”形、“H”形的办公隔断**

平行界面中的天花通常与采光结合，现代建筑由于天花上有许多必备管线设施（空调系统、消防系统、照明系统等），使得顶部有许多妨碍视线的设备存在，因而大多数设计顶棚形成主要采光面，天花的形状差别、色彩差别和高低差别都会对空间的区分形成一定影响，并在一定程度上起到划分的作用。地面，由于要承受人及物品的行走和运输，因而确定材料时要首先考虑到耐磨性和足够的摩擦力，而利用地面不同的材料、地面高度的抬高降低所形成的变化对空间进行分割，是平行界面对空间划分的又一重要手段（图 2—42）。

**图 2—42　天花承接着照明、消防、通风等多项功能**

2. 构架

**图 2—43　巴黎奥赛博物馆**

构架包含建筑结构和装饰构架两种，结构构架是一种纯功能部件，用它来作分割是一种既节约又纯粹的做法，那种体现材质本身状况，不作粉饰的构架，可体现一种结构和材料本质的美，以此作分割元素，分割的空间同样有一种纯粹的有力度的美。而以装饰构架作分割多半是为了增加空间的层次感和划分功能区，而刻意加入的空间分割手段（图 2—43）。

3. 水体及绿化

利用人工设置的水面将空间分割开来，形成两岸的感觉，是一种颇具自然情趣的分割，水体一般常与植物相结合，如同自然界中河池湖岸，长满茂密的植被。以绿化作隔离与水体的用意是一致的。这两种自然物质的分割都旨在满足人们渴望接近自然的心理，从而形成一种花木扶疏、流水潺潺、情景交融的境界（图 2—44）。

4. 装饰照明分割

是一种以不同的照明器具或不同的照度、不同的光源来区分空间的设计。这种设计常会形成晶莹剔透、光彩流动的空间效果，是当代环境设计中最时髦也最奢侈的做法。

**图 2—44　绿色植物、水体，是形成花木扶疏生机盎然的有机环境的关键元素**

5. 陈设品的分割

是利用家具、织物、艺术品等陈设来区分空间的设计，是一种最简单、灵活又随时可行的做法，也是实际空间环境中最常用的手法之一（图 2—45）。

**图 2—45　以悬挂的织物分隔空间，灵巧、轻松而又节省空间**

# 第二节　光环境

“建筑是对在阳光下的各种体量作精练的、正确的、卓越的处理的完整体系。我们的眼睛天生就是为观看光照中的形象而构成的。光与影烘托出形象……”太阳是取之不尽的源泉，它照亮了世界，照亮了建筑的形体和空间。随着时间和季节的变化，日光又将变化的天空色彩，云层和气候传送到它所照亮的表面和形体上去，进一步形成生动明亮的物体形象。由于建筑墙体的遮挡，使得内部空间的采光成为环境设计中的一个重要课题。

阳光通过我们在墙面设置的窗户或者屋顶的天窗进入室内，投落在房间的表面，使色彩增辉、质感明朗，使得我们可以清楚明确地识别物体的形状和色彩。由于太阳朝升夕落而产生的光影变化，又使房间内的空间活跃且富于变化（图 2—46）。阳光的强度在房间里不同角度形成均匀的扩散，可以使室内物体清晰，也可使形体失真，可以创造明媚亮丽的气氛，也可以由于阴天光照不好形成阴沉昏暗的效果，因而在具体设计中我们必须针对具体情况进行调整和改进。

因为阳光的明度是相对稳定的，它的方位也是可以预知的，阳光在房间的表面和形体的视觉效果取决于我们对房间采光的设计——即窗户或天窗的尺寸、位置和朝向。

**图 2—46　自然柔光条件下，日光在内墙形成的光影变化**

从另一方面讲，我们对太阳光的利用却是有限的，在太阳落下去之后，我们就需要运用人工的方法来获得光明，在获得这个光明的过程中，人类作出的努力，要远比直接摄取太阳光付出的代价大得多。从自然中取火种，到钻木取火、发明火石和火柴，直到获得电源，这段历程可谓漫长而曲折，最终，电灯给人类带来了持久稳定的光明，并使得今天的人类一刻也离不开电源。依此，我们把光环境的构成，分作自然采光下的光环境和人工采光状态下的光环境以及二者的结合这三部分。

## 一　自然采光

阳光是最适合人类活动的光线，而且人眼对日光的适应性最好，太阳光又是最直接、最方便的光源，因而自然光即日光的摄取成为建筑采光的首要课题。建筑的自然采光主要靠设置在墙面或天花的采光洞口来完成，因而洞口的设置便成为自然采光的主要课题。

洞口的设置一般设在一天中某些能接受直接光线的方向上，直射光可以接受充足的光线，特别是中午时分，直射光可以在室内形成非常强烈的光影变化，但是直射光也容易引起眩光和局部过热等缺点，强烈的直射光还易使室内墙面及织物等褪色，或产生光变反应。因而洞口形式中须用遮光设施予以调控，或通过树木及其他相邻建筑进行调整。在设计中常见调整方式有：（1）利用遮阳格片的角度改变光线的方向、避免直射阳光；（2）利用雨罩、阳台或地面的反射光增加室内照度；（3）利用遮阳板或反射板增加室内照度；（4）利用对面及邻近建筑物的反射光；（5）利用遮阳格片或玻璃砖的折射以调整室内光线均匀度。

洞口也可以避开直射光而开在屋顶，接受天穹漫射的不太强烈的光线，这种天光是一个非常稳定的日光源，甚至阴天仍然稳定。而且有助于缓和直射光，平衡光在空间中的照射水平（图2—47）。

**图 2—47　巴黎老佛爷百货商场大堂**

为了提高室内的光照强度，控制光线的质量，在采光口设置各种反射、折光调整装置，以控制和调整光线，使之更加充分更加完善地为我们所用。洞口的位置将影响到光线进入室内的方式和照亮形体及表面的方式。当整个洞口位于墙面之中时，洞口将在较暗的墙面上呈现为一个亮点，若洞口亮度与沿其周围的暗面对比十分强烈时会产生眩光。眩光是由房间内相邻表面或面积的过强亮度对比度引起的。可以通过允许日光从至少两个方向进入来加以改善。

当一个洞口沿墙的边缘布置，或者布置在一个房间的转角时，通过洞口进入的日光将照亮相邻的和垂直于开洞的面。照亮的表面本身将成为一个光源，并增强空间中的光亮程度。附加要素（如洞口的形状和组合效果）将影响到光线的质量，其综合效果反映在它投影的墙面上的影形图案里，洞口透光材料及不同角度格片的设置会影响到室内的照度。而这些表面的色彩和质感将影响到光线的反射性，并会对空间的光亮程度进行调整。

## 二　人工采光

人工采光的概念

通过人工方法得到光源，即通过照明达到改善或增加照度，提高照明质量的目的，称为人工采光。人工采光可用在任何需要增强改善照明的环境的地方，从而达到各种功能上和气氛上的要求。

### （一）人工采光要求的适当照度

所谓适当照度，即根据不同时间、地点，不同的活动性质及环境视觉条件，确定照度标准，这些照度标准，是长期实践和实验得到的科学数据。

1. 光的分布

主照明面的亮度可能是形成室内气氛的焦点，因而要予以强调和突出。工作面照明亮度要符合用眼卫生要求，另外要与周围相协调，不能有过大的对比。同时要考虑到主体与背景之间的亮度与色度的比值：

工作对象与周围物体之间（如书与桌）3∶1

工作对象与离开它的表面物体之间（如书与地面或墙面）5∶1

照明器具或窗与其附近物体 10∶1

在普通的视野内的物体 30∶1

2. 光的方向性与扩散性

一般需要表现有明显阴影和光泽要求的物体的照明，应选择有指示性的光源，而为了得到无阴影的照明，则要选择扩散性的光源，如主灯照明。

3. 避免眩光现象

产生眩光的可能性很多，比如眼睛长时间处于暗处时，越看亮处越容易感到眩光现象，这种情况多出现在比赛场馆中，改善办法是加亮观众席。在视线为中心 30°角的范围内是一个眩光区，视线离得越近，越感眩光。光源面积越大，眩光越显著，这时可采用使光源位置避开高亮光进入视线的高度；其二是使照明器具的距离拉远，可使眩光程度降低。再有就是由于地面或墙面等界面由高光泽材料即高反射值材料构成的，容易产生眩光，这时可考虑采用无光泽材料（图2—48）。

**图2—48　利用光槽反射到天花再打下来的漫射光，可以得到均匀无阴影又无眩光的照明效果**

4. 光色效果及心理反应

不同的场所对光源要求有所不同，因而在使用上应针对具体情况进行调整和选择，以达到各环境中满意的照明效果。

（二）光色的种类

暖色光：在展示窗和商业照明中常采暖光与日光型结合的照明形式，餐饮业中多以暖光为主，因为暖色光能刺激人的食饮，并使食物的颜色显得好看，使室内气氛显得温暖；住宅多为暖光与日光型结合照明。

冷色光：由于使用寿命较长，体积又小，光通量大，易控制配光，所以常做大面积照明用，必须与暖色光结合使用才能达到理想效果。

日光型：显色性好，露出的亮度较低，眩光小，适合于要求辨别颜色和一般照明使用，若要形成良好气氛，需与暖光配合。

颜色光源：由惰性气体填充的灯管会发出不同颜色的光，即常用的霓虹灯管，还可以是照明器外罩的颜色形成的不同颜色的光。常用于商业和娱乐性场所的效果照明和装饰照明。

1. 发光效率的比较

一般大功率光源发光效率高，如荧光灯是白炽灯发光率的324 倍。

2. 光源的寿命考虑

不同光源使用寿命不同，因而对不同照明时间要求的照明配置应选择不同光源。以白炽灯1 000小时为依据的话，荧光灯是它的 10 倍，汞灯与高压钠灯是它的 12 倍，金属钨化物灯则是它的 6 倍至 7 倍。

3. 灯泡表面温度

各种光源的灯泡表面温度不同，相同光源瓦数越大温度越高，根据不同使用场所，要具体情况具体配置。考虑到安全防火需求，有些灯具要有阻燃措施，有些灯具要防止行人接触以免发生危险，而有些灯具要远离易燃物体。

（三）照明方式的确定

1. 根据具体环境的要求选择照明类型

按活动面上的照明类型分为：直接照明、半直接照明、漫射照明、间接照明和半间接照明（如图 2—49）。

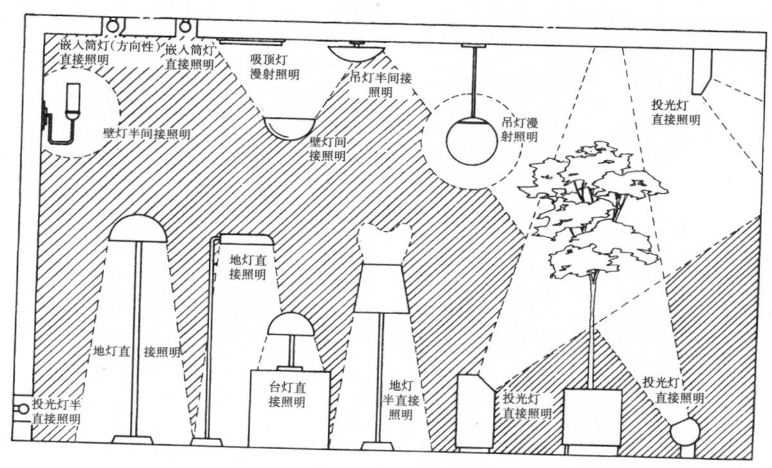


**图 2—49　照明类型**

2. 按活动面上的照度分布分类

一般照明、重点照明（局部照明）、混合照明（图 2—50、图 2—51、图 2—52）。

3. 发光顶棚

光槽（反光灯槽）、发光带、发光顶（格片或漫射材料）（图2—53）。

图2—50　一般照明

图2—51　局部照明

图2—52　混合照明

图 2—53　光槽照明

4. 事故安全照明系统

（四）照明器的使用

1. 灯具的效率、配光及亮度

光源外露型灯具及下开敞型灯具，随房间进深的增大，眩光变大，长型、下开敞型灯具（光源在灯具中间位置）眩光小，带遮格型、镜面型截光灯具的眩光最小。不带遮挡的镜面型截光灯具和带棱镜型灯具均具有限制眩光的效果。带格栅片的灯具均具有限制眩光的功效，但灯具的效率较低。

2. 灯具的形式和色彩与整体环境的协调

根据环境的整体格调来确定灯具的形式与色彩，可以进行成品灯具的选型，也可以根据具体情况，设计符合环境整体气氛的特殊灯具，从而会达到更加统一协调的效果。但由于特殊设计订做，成本会升高，因而需在预算允许的情况下才能实现（图 2—54、图 2—55）。

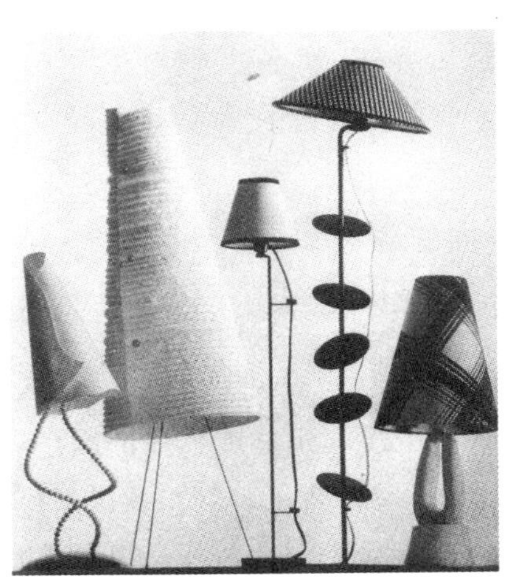

图 2—54　各种灯具

图 2—55　照明器如同空中飞舞的精灵，在白天是装饰，在夜里则是主照的光源，设计纯粹自然，手段不凡

# 第三节　色彩环境

## 一　色彩的基本知识

形体、质感与色彩是构成空间的最基本要素。色彩使人对形体有完整认识，并产生各种各样的联想。对人眼的生理特点的研究表明，眼睛对颜色的反映比形体要直接，即“色先于形”。这就是为什么我们通常会首先记住建筑物或物体的颜色，其后才是形状的原因。因而在环境及空间的塑造上，颜色的设计是不容忽视的一环。

### （一）色彩的分类

色彩是通过光的照射，反映到人眼中而产生的视觉现象，尽管我们的眼睛可以区分的颜色有百万种之多，但颜色的产生却是有规律可循的。因而这里我们把颜色进行一下分类，得到的结果是：颜色不过是两个类型——无彩色和有彩色。

#### 1. 无彩色

即黑、白，以及由此二色混合而成为不同明度的灰（图 2—56）。

2. 有彩色

无彩色以外的所有颜色。

3. 有彩色的元色和调和色

我们把红、黄、蓝三种颜色称作三元色，其他颜色都是此三种颜色相调和所产生的，因此其他颜色则被称作调和色。

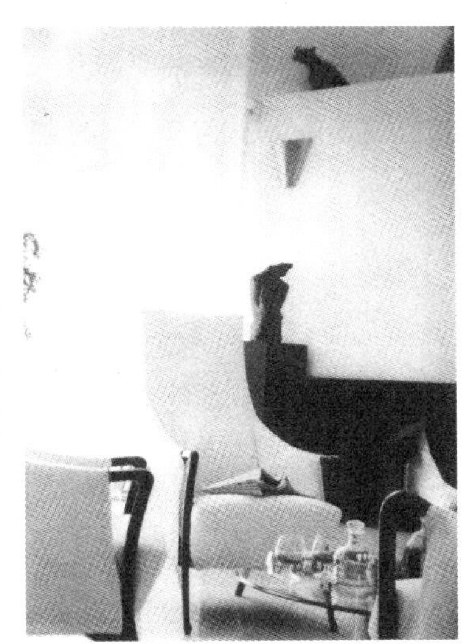

图2—56　无彩色调

（二）颜色的属性

1. 色相

就是颜色的名称（H），如红、黄、蓝、绿等彩色。

2. 明度

色彩的明亮程度叫明度。明度最高的颜色为白色，最低为黑色。它们之间不同的灰度排列显示出明度的差别，有彩色的明度是以无彩色的明度为基准来比较和判断的。

3. 彩度

色彩的鲜艳程度，又被称作纯度。彩度高的鲜艳颜色被称作清色，彩度低的混浊色则被称作浊色。彩度高的颜色其色相特征明显，被称作纯色。无彩色则没有彩度，只有明度。

（三）色彩的表示体系——表色系

第一个表色系是美国色彩学家 A. H. 孟赛尔（Albert H. Munesll，1858—1918 年）创立的表色系统，称之为孟赛尔色系，这是目前最常用的表色系。随后又出现了伊登表色系、奥斯瓦尔德表色系、CIE 国际照明协会表色系、日本色研表色系（PCCS）等表色系统。我们在这里仅以最常用的孟赛尔表色系为代表作一下介绍和分析。

孟赛尔色系主要由孟赛尔色环、孟赛尔色立体两个基本环节构成，并以此给出了孟氏色标。

孟赛尔色环，是将光谱分析得出的颜色按顺序环状排列而成的，在孟氏色环中，有 5 个主要色相（红 R、黄 Y、绿 G、蓝 B、紫 P)，在这 5 个色相中又加入了 5 个混合色的色相（橙 YR、黄绿 GY、蓝绿 BG、蓝紫 PB、紫红 RP)，构成 10 个色相为基本的色环范围，使用时把 10 种色再各分四分之一，即 2.5、5、7.5、10 四段，形成 40 个色相。

孟赛尔色立体是按色相、明度和彩度三属性，把颜色组合成一个不规则的立体形，这个立体形可以帮助我们了解颜色的系统和组织，色立体又被称作色树（图 2—57)。

表色系的作用是使我们对颜色的理解有一个可参考的依据和标准，并能在国际范围内通用，减少因颜色理解不同造成的

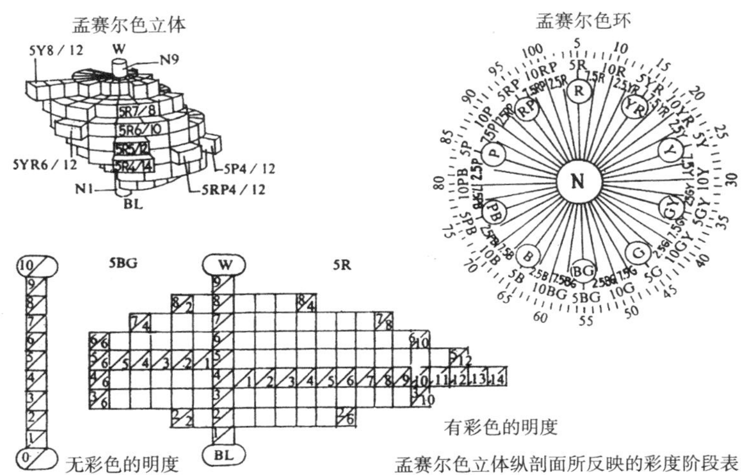


**图 2—57　表色系**

错误和混乱。

（四）色彩的认知

1. 色彩的对比

色相相邻时与单独见到时的感觉不同，这种现象叫色彩的对比。颜色的对比有：三个色同时看到时产生的对比，叫同时对比。先看到一个色再看到另一个色时产生的对比叫继时对比。继时对比在短时间内会消失，通常我们讲的对比是同时对比。

（1）色相对比：对比的两个色相，总是在色环上相反的方向上，这样的两个色称作补色，如红与绿、黄与紫等。两个补色若相邻时，看起来色相不变而彩度增高，这种现象叫补色对比。

（2）明度对比：明度不同的二色相邻时，明度高的看起来明亮，低的更显暗，这种对比使明度差异增大，叫明度对比。

（3）彩度对比：彩度不同的二色相邻时会互相影响，彩度高的显得更艳丽，而彩度低的看起来更暗淡一些，被无彩度色包围的有彩色，看起来彩度会更高些。

2. 色彩的面积

颜色的明度、彩度都相同时，面积的大小会给人不同的效果感觉。面积大的色比面积小的色明度、彩度都高。因而以小的色去定大面积的墙面时，要注意颜色有可能出现的误差。

3. 色彩的可辨别性

色彩在远处可以清楚见到，在近处却模糊不清，这是因为受到背景颜色的影响。清楚可辨的颜色叫可识度高的色，相反叫做可识度低的色。可识度在底色和图形色的三属性差别大时增高，特别在明度差别大时，会更高。另外，可识度受照明状况及图形大小影响。

（1）色彩的前进与后退：在相同距离看颜色：有的色比实际距离显得近，称前进色；有的色则反之，称后退色。从色相上看：暖色系为前进色，冷色系为后退色；明亮色为前进色，暗淡色为后退色；彩度高的色为前进色，低者则为后退色。

（2）色彩的膨胀和收缩：同样面积的色彩，明度和彩度高的色看起来面积膨胀，而明度、彩度低的色看起来面积缩小。暖色膨胀，冷色收缩。

（五）色彩的感情作用

色彩虽然是一种自然现象，但由于对色彩的感受不同，随之也就赋予了色彩以不同的感情味道在里面，从而使色彩也带有了明确的感情和表情。

1. 冷色和暖色

给人的感觉温暖的称作暖色，如红色使人联想到火，色环中从橙红到黄色的色相都为暖色。给人感觉寒冷的称冷色，如蓝色使人联想到水与冰，色环中从蓝绿到蓝紫的色相都为冷色。绿和紫是中性色，并以它的明度和彩度的高低变化而产生冷暖表情的变化。无彩色中白色冷、黑色暖，灰色为中性。

2. 兴奋色和沉着色

兴奋与沉着由刺激的强弱引起，红、橙、黄色的刺激强，给人以兴奋感，因此称为兴奋色。蓝、青绿、蓝紫色的刺激弱，给人以沉静感，称为沉着色。但兴奋性与沉着性随彩度的降低往往会降低。绿与紫是介于二者中间的中性色，是人们视觉不会觉得疲劳的颜色。

3. 华丽与朴素的色彩

华丽和朴素是由于色彩的彩度与明度的不同而具有的感情效果，即彩度与明度高的颜色给人以华丽感。冷色具有朴素感。黑白、金、银色有华丽感，而黑白两色因使用情况的不同可以具有华丽感也可以具有朴素感（图 2—58）。

**图 2—58　白与蓝是我们常见的冷色**

4. 颜色的轻与重

明度高的颜色感觉轻快，低的颜色感觉沉重；同明度的颜色，彩度高的感觉轻，低的感觉重。

5. 颜色的柔软与坚硬

明度高彩度低的色有柔软感，而明度低彩度高的色有坚硬感，黑、白有坚硬感，灰色有柔软感。

6. 色彩的联想和象征

人们根据各自的生活经验和社会经历、记忆或知识等，对颜色产生各自的联想，这种联想根据不同人，不同年龄、民族、性别会有不同的反应，但对有些色的联想是有共性的。另外，对色彩的联想由于社会习俗的不同会形成一种习惯，一种约定俗成的规律，这就是色彩的象征性。不同民族、地区色彩的象征有所不同（见表 2—1、表 2—2）。

**表 2—1　　色彩的联想**

| 颜　色 | 抽象联想 | 具体联想 |
|---|---|---|
| 红 | 热情、革命、危险 | 火、血、口红、苹果 |
| 橙 | 华美、温情、嫉妒 | 橘、收获、秋天 |
| 黄 | 光明、活泼、快乐 | 光、柠檬、秋叶 |
| 绿 | 和平、成长、安宁 | 植物、大地、田园 |
| 蓝 | 沉静、悠远、理想 | 水、海、天空 |
| 紫 | 优雅、高贵、神秘 | 葡萄、地堇花、三色草 |
| 白 | 纯洁、神圣、虚幻 | 百合、雪山、白云 |
| 灰 | 平凡、忧郁、朴实 | 乌云、水泥、阴天 |
| 黑 | 严肃、死亡、罪恶 | 夜、煤、墨 |

**表 2—2　　色彩的象征**

| 地区<br>颜色 | 中国 | 日本 | 欧美 | 古埃及 |
|---|---|---|---|---|
| 红 | 南（朱雀）火 | 火、敬爱 | 圣诞节 | 神 |
| 橙 | | | 万圣节 | 鬼 |
| 黄 | 中央、土 | 风、增益 | 复活节 | 人 |
| 绿 | | | 圣诞节 | 自然 |
| 蓝 | 东（青龙）木 | 天空、事业 | 新年 | 天空 |
| 紫 | | | 复活节 | |
| 白 | 西（白虎）金 | 水、洁净 | 基督 | |
| 灰 | | | | |
| 黑 | 北（玄武）水 | 土、降伏 | 万圣节前夜 | 地 |

7. 色彩的好恶

不同人，不同性别、年龄、阶层、职业、环境、地域、民族等因素对颜色的喜好是不同的，但由于各人的个性、趣味的相近又有相似之处。

8. 光线影响颜色的正确显示

颜色是一种光谱效应，有了光才有了颜色，但不同的光线对色彩的正确显示是有影响的。钨丝白炽灯下，不同色光会影响物体固有色的色相，使明度和彩度发生变化。荧光灯下物体明度升高，彩度会降低，但色相不变。

9. 流行色

色彩的流行趋势称为流行色。不同的国家和地区有不同的流行趋势，但在国际经济不断一体化的情况下，共性在增强，个性在不断消失或减少。国际色彩组织、国际服装组织每年都会定期发布各季节的流行趋势以供参考。

## 二　色彩的搭配关系

两种以上色的组合叫做配色。配色若给人以愉快舒服的感觉，这种配合就叫作调和，反之，配色给人以不舒服感，就叫不调和。但由于人们对色彩的感觉不同，若非专业人士，大多数人对色彩的理解都比较感性，甚至有的人对色彩感觉迟钝，所以对色彩的理解是不同的。而从色彩本身来讲，不同材质，不同照明环境等都会令色彩产生不同的效果，所以，我们所讲色彩的调和，即针对这种现象来考虑的。

（一）配色方法

（1）汲取自然界中的现成色调，随春、夏、秋、冬四季的变化，自然界的种种变化都是调和配色的实例，也是最佳范例。

（2）对人工配色实例的理解、分析及记忆，从而形成自己的配色方法。

（二）彩度调和

（1）同一调和：同色相的颜色，只有明度的变化，令人感觉亲切和熟悉。

（2）类似调和：色相环上相邻颜色的变化统一，令人感觉自然、融洽、舒服，建筑内环境常以此法配色。

（3）中间调和：色相上接近色的变化统一，令人感觉暧昧含混。

（4）弱对比调和：补色关系的色彩，明度相差大，但不强烈的对比配色，给人以轻松明快的感觉。

（5）对比调和：补色及接近补色的对比色配合，明度相差较大，给人以强烈或强调的感觉，容易形成活泼、艳丽、富于动感的环境。

（三）色相的调和

1. 二色调和

以孟赛尔色相环为基准，二色之间的差距可按下列情况区分：

（1）同一调和：色相环上一个颜色范围之内的调和。由色彩的明度、彩度的变化进行组合，设计时应考虑形体、排列方式、光泽以及肌理的要素对色彩的影响。

（2）类似调和：色相环上相近色彩的调和。给人以温和之感，适合大面积统一处理，如一部分设强烈色彩，另一部分弱些，或一部分明度高，另一部分低些，则能收到很理想的效果。

（3）对比调和：色相环上处于相对位置的色彩之间的调和，彩度相互烘托，感觉都很强，给人印象强烈，如一方降低彩度，效果更理想。如二者为补色，效果更强烈。

综上所述，我们看到，两个色彩的调和，其实存在着两种倾向，一种是对比，形成冲突与不均衡，从而令人留下较深刻印象；另一种就是调和，使配色之间有共同之处，从而形成协调和统一的效果。

2. 三色调和

（1）同一调和：三色调和同二色调和一致。

（2）正三角调和：色相环中间隔 120°的三个角的颜色配合，为最明快、最安定的调和，这种情况下以一个为主色，其他二色相随从。

（3）二等边三角形调和：如果三个颜色都同样强烈，极易产生不调和感，这时可将锐角顶点的颜色设为主色，其他二色相随。

（4）不等边三角形调和：又叫任意三角形造色，在设色面积较大的情况下，效果突出。

3. 多色调和

四个以上颜色的调和，在色相环上形成四边形、五边形及六边形等。这种选色，决定一个主色很重要，同时要注意将相邻色的明度关系拉开。

（四）明度调节的方法

（1）同一和近似调和：这种调和具有统一性，但缺少变化，因而需变化色相和彩度进行调节，多用于需要沉静稳定的环境。

（2）中间调和：若彩度、明度都一致的话，会显得无主次无层次，因而适当改变彩度，可取得更好效果，容易形成自然、开朗的气氛。

（3）对比调和：有明快热烈的感觉，但多少有点生硬，可将色相、彩度尽量一致。

（五）彩度调节

（1）同一和近似调和：有统一和融洽的感觉，但感觉安静平淡，可通过改变色相和明度予以加强。

（2）中间调和：有协调感，但有些暧昧不清爽，可通过改变明度和色相，即加大对比，使其生动。

（3）对比调和：给人明快、热闹之感，但易过火，确立主色，加大面积比或改变色相可得到校正。

（六）颜色的位置

（1）明亮色在上，暗淡色在下，会产生沉着、稳定的安全感；反之，则产生动感和不安全感。

（2）室内天花若使用重色会产生压迫感，反之轻快。

（3）色相、明度与彩度按等差或等比级数间隔配置，可产生层次感、节奏感的色彩空间效果。

（七）颜色使用面积的原则

（1）大面积色彩应降低彩度，如墙面、天花、地面的颜色，但为追求特殊效果可例外。小面积色彩应提高彩度，多点缀饰物，以活跃气氛。

（2）明亮色，弱色面积应扩大，否则暗淡无光。暗色、强烈色应缩小面积，否则会显得太重或太抢眼。

（八）配色的修正

配色的过程中往往会感到有些不如意或不理想之处，可以用一些方法来补救。

（1）明度、彩度、色相分别作调整，直至视觉上舒服，或者在面积上作适当调整，一般是深色或重色可以盖住浅色和轻色。

（2）在色与色之间加无彩色和金银线加以区分，或加适当面积的黑白、灰予以调节。

(3) 使用重点色，并使之面积上和形式上占优势，并作适当的调和。

## 三 色彩的调节作用

色彩的感情作用，对人的心理、生理和物理状态都有一定的调节作用，这个作用通过建筑、交通、设施、设备等综合地全面地影响着我们的日常工作和生活。

(一) 调节作用的表现

(1) 使人得到安全感、舒适感和美感。

(2) 有效利用光照，便于识别物体，减少眼睛疲劳，提高注意力。

(3) 便于形成整洁美好的室内环境，提高工作效率。

(4) 危险地段及危险环境的指示以醒目的警戒色作为标识，减少事故和意外。

(5) 对人的性格、情绪有调节作用，可激发也可抑制人的感情。

(二) 室内环境的色彩调节

室内环境的色彩是一个综合的色彩构成，构成室内空间各界面的色彩以材料及材料自身的颜色为主色，成为整个室内的大背景。而其中照明器、家具、织物及艺术陈设等，则会成为环境中的主体，并参与室内颜色的整体组成，因而室内的色彩需整体考虑才会最终达到满意的效果。

一般来讲，公共场所是人流集中的地方，因而应强调相对统一的效果，配色时应以同色相、相近似色的浓淡系列为适宜。业务场所的视觉中心、标志等应有较强的识认性和醒目的特征，因而颜色会有所对比，并且饱和度会高些。同一个空间内，功能空间要求区分的话，可以用两个色以上的配合来得到。总之，我们在配色时可以按颜色的三大属性的任何一方面对颜色给以调控，从而求得理想的效果。

（1）从色相上，可按室内功能的要求决定色调，其方法则非常自由，按不同的气氛、不同的环境需求来作变幻，可以说变幻无穷。

（2）明度上，结合照明，适当地设定天花、墙面及地面的色彩，如在劳动场所，天花明亮、地面暗淡易于分辨物品；天花明度极好的顶部照明，使人感到舒适；住宅中，若天花与地面明度接近，则易形成休息感和舒适感。夜总会、舞厅、咖啡厅要把天花做得比地面还暗；餐厅，天花则比地面稍弱，但应有温暖的橘黄色照明，可使就餐者食欲大增。

（3）彩度上，劳动场所不适合彩度过大，若彩度过大，使人易疲劳。住宅和娱乐场所彩度偏大，会产生刺激，一般为 4～

6，高彩度的色块可小面积使用。

（三）室内各部分配色

1. 墙面

面积最大，在室内气氛创造中起支配作用，墙面若暗，照度再高也容易显暗。暖色墙面易产生温暖气氛，适合聚谈和用餐，并适合放在阴面。冷色墙面易产生凉爽感，适合学习、工作，应放在朝阳的房间里（图 2—59）。中性色明快自然，可引起人的明朗沉着的感觉，可用在大厅、办公室等综合性及中性场所。一般墙面色应较天花稍深，采用明亮的中间色，常用明度较高的淡色，但若在长期阴冷的气候条件下，墙面则适合做成亮艳的颜色。

**图 2—59　明亮的无彩色墙面及天花形成清爽的学习环境**

2. 地面

一般采用颜色相对较深的色，强调与墙面明度的对比，并有下沉感；使空间拉伸得偏高，但现在也常用一些明度高的浅色，大多以木本色、石材等材料色为主，甚至也用作白色，以便产生一种平静开阔的空间感。

3. 天花色

大多为白色，或接近于白色的明亮色。特殊场合如舞厅、暴露天花的餐厅、酒吧等场所，天花常为以黑为主的浓重色（图 2—60）。

**图 2—60　舞厅的天花色彩较深**

4. 装修配件

门、窗、踢脚、护墙板等的色彩一般不应与墙形成过分对比，一般为明亮色，为统一各房间保持整体风格一致，这些部位最好统一。

5. 家具色

同墙面的颜色关系很大，但一般一个环境中家具色最好不多于 3 种，还要视房间的大小而定，大则稍多些无妨，小则必须统一。一般暖色墙可配中性色或稍冷色家具，冷色墙和无彩色墙，宜用暖色家具。但这些都不是一成不变的因素，若墙面已定，家具已定，二者又不太合适时，还可用织物及陈设调整（图 2—61）。

**图 2—61　色彩统一，用色相对减少**

（四）变色和变脏

变色是指有些材料如纺织品、材料、涂料及有些金属，长期处在日光下暴露会因日晒氧化产生颜色变化，因而在作室内色彩的选择时，要考虑到变色与退色的因素，才能使房间的使用历久弥新。变脏，一种是由于空气氧化和长期使用造成的脏，可以采用易清洗的材料或耐脏材料来处理。还有一种就是颜色使用不当，例如有些纯度低的颜色和混沌的颜色相配使用，会使二者都互相排斥和抵消，使得颜色显得混浊不洁净。

在设计中配色时注意的事项有：

（1）按使用要求选择的配色应与环境的功能要求、气氛要求相适应；

（2）检查一下用的是怎样的色调来创造整体效果的；

（3）是否与使用者的性格、爱好相符合；

（4）尽量减少用色，即色彩的减法原则（图2—62）；

（5）是否与室内构造、样式风格相协调；

**图2—62　多色任意调和的陈设在主色调为白色的情况下，活跃、明朗，但绝不过分**

（6）与照明的关系，光源和照明方式带来的色彩变化应不会影响整个气氛形成；

（7）选用材料时是否注意了材料的色彩特征；

（8）要考虑到与邻房的关系，考虑到人从一个房间到另一个房间的心理适应能力。

# 第3章

# 环境艺术设计的材料与程序

造物主给了人类慷慨的馈赠——大地万物，又给予了人类开发利用大地宝藏的智慧，从而使我们今天的地球上，有如此美丽的建筑，如此美丽的环境。为此，我们努力工作，努力开发，而同时我们也学会了努力珍惜。我们有极好的木材、石材，有极好的矿藏可供生产出钢铁、混凝土及各种金属各种合成材料……我们用这所有的一切创造美好的家园。这家园的空间是由物质材料包围和限定而成的，因而到处都流露着物质材料的材质之美，更传达着设计者独到的匠心和创意之美。

## 第一节　材料的组合

当我们坐下来去欣赏以往那些优秀的建筑和环境时，我们首先看到了它美的形式和色调，随之又体会到它从整体到局部，从局部到局部，又从局部回到整体的统一关系，它们每个部分都彼此呼应，并具备了组成形式美的一切条件。随后我们又进入到建筑的内部，去体验建筑，体验用物质材料构成的界面合围划成的空间，我们将会发现它的美亦首先表现在形式上、色彩上，随之表现出材质和功能的内在之美。在这里要着重讨论的是材质即材料应用上的美，而这个美的原则，又被限定在减法原则上，即用尽量少的种类，去创造尽量多的美的形式和实用的空间，创作出彼此呼应、统一的协调关系。

物质材料体现着建筑上所有美的要求和规律，它是一切美的载体和媒介（那整体与局部，局部与局部，局部与整体的所有关系都落实在材质的表现上）。从历史的角度看，材质的利用和表现是有节制的、珍惜的、减法的。一座文艺复兴时期的宅邸并没有比我们今天的某些建筑用的高档原料多，但丝毫不感到简陋；一座巴洛克式的宫殿虽有雕饰，但却是统一完整和彼此呼应的，今天某些五星级酒店豪华大堂用的雕饰似乎比巴洛克建筑还要繁多。值得指出的是，不少人错误地认为美就是堆砌豪华高档材料，因而总有人嫌档次不够高，装饰不够豪华，殊不知美与材料的多少和档次并无多少关系。以帕提农神庙为例（图 3—1），其设计从里到外始终是一种材料——石材，或粗犷，如廊柱，或细腻，如雕刻檐板，如同一首咏叹调，时而豪放高亢，时而婉转细腻。而质朴的材质在希腊明媚的阳光下闪烁着纯净完美的光辉，成排的廊柱在阳光照射下投下富于律动性的光影，使这个内外相通连的建筑有无限的延展性和亲切感，空间与材质的美表露无遗（图 3—2）。再如中世纪的教堂巴黎圣母院（图 3—3），总其大部分空间，也不过是一种石材的立面贯穿到底，配以橡木护壁板和薄如羽翼的彩绘玫瑰窗，石头与木材的立面形成一种富于庇护感的空间，而薄如蝉翼的玫瑰窗则使空间延伸到无限遥远的虚空。黑白相间的铺地与其中成排的弥撒椅是向人们伸开的手臂，崇高的气氛是空间的主体，这个主体是精神上的统领，是建筑所刻意营造的气氛。

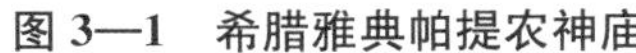
图 3—1　希腊雅典帕提农神庙

图 3—2　帕提农神庙局部

图 3—3　巴黎圣母院内，单纯质朴的石柱与薄如羽翼的玫瑰窗形成强烈的对比，使纯洁而又高尚的情感弥漫在整个空间

20 世纪的建筑，以赖特的流水别墅为例，他所采用的材质除混凝土之外，不过是毛石与玻璃，加上少部分的木材以及室内陈设中使用的一点皮革、织物和几件家具而已（图 3—4），却把主人自然、质朴有如田园诗般的生活理想表露无遗，建筑与

**图 3—4　流水别墅粗石内墙与地面、家具以及玻璃的组合**

周围的环境，室内与室外环境既统一协调又相互呼应，几十年后的今天，仍是有机建筑的代表，教科书中的经典范例。再看看 90 年代的现代建筑，以瑞士建筑师马里奥·博塔（Mario Botta，1943—），1995 年完成的法国艾沃希教堂为例，高 34 米、直径 38.4 米的圆柱形教堂，内外通体采用红砖为主要材料，外部空间的简洁与内部空间的纯粹，形成了无比神圣和崇高的境界。红砖墙体采用横竖向的顺丁挂与交错立体式的二丁挂有机结合的方式，使内墙肌理简洁有致又富于立体变化，黑色抛光的石材地面，宁静而沉稳，欧洲橡木的坐席简洁利落，与红砖墙面如出一辙，钢结构采光顶棚把空间拉向无限远的天空；祭坛外，水银般质感的半圆玻璃造型窗，取代了传统的玫瑰窗，形成室内的视觉中心。材料种类少而又少，却使用得精而又精，所有的造型都简洁统一，仿佛整个空间只存在两种材料——红砖与半圆窗上的玻璃，而且内外材质浑然一体，无怪乎人们将该建筑列为 20 世纪欧洲的经典建筑之一。从材料上看，毛石可谓价廉，红砖更为便宜，但它们却不妨碍我们建造经典和杰作，造物主给了我们丰富的材料，更给了自由选择的权利（图 3—5）。

图 3—5　墙面砖有序的肌理组合形成了粗糙朴实的质感，与天花上混凝土空心砖的质感相呼应，同桌椅、地面平而不亮的质感形成弱对比，整个空间凝重、简练，充满宗教色彩

材料的质感与肌理是设计中必须考虑的问题。肌理是指材料表面因内部组织结构而形成的有序或无序的纹理，其中包含对材料本身经再加工形成的图案及纹理。质感是由材料肌理及材料色彩等材料性质与人们日常经验相吻合而产生的材质感受。像材料的软与硬、光滑与粗糙、冷与热以及两个对立面之间的中间状态等感觉。

在室内外的装饰设计中，各种材料的使用即是各种材料的组合。如何合理地利用与组合材料，设计师们遵循着一定的原则，其中有：

1. 材质的协调

由质感与肌理相似或相近的材料组合在一起形成的环境，容易形成统一完整与安静的印象，大面积使用时，需以丰富的形式来调整，以弥补单调性，小空间可由陈设品调整。常用于公共的休息厅、报告厅、住宅的卧室等处（图 3—6）。

2. 材质的对比

由质感与肌理相差极大的材料组合运用创造的环境，容易形成活跃、清醒、利落、开朗的环境性格，大小空间皆宜，但要划分好对比面积的大小关系、对比强度，此为现代设计的常用手法（图 3—7）。

**图 3—6　自然粗糙材质与光滑材质的弱对比协调**

**图 3—7　光洁的桌面与亚光地面形成的对比，有如原野上片片晶亮的湖水**

3. 材质的对比与协调共用

通常设计中，材料用法的对比与协调都是相对而言的。协调通常是一种弱的对比，即相似的东西也含有比较关系，而对比也不是绝对的冲突，它有可能是弱比中、中比强、强比弱、中比中、弱比弱的关系。因而材质的运用是通过设计者及观察者长期的经验和体会来实施和领悟的（图 3—8）。

**图 3—8　木材与混凝土的结合，是力与美的组合**

## 第二节　材料的分类及性质介绍

### 一　木材

木材是人类最早使用的建材之一，它材质轻，强度高，有较好的弹性和韧性，耐冲击耐振动性好，易加工和进行表面装饰，对电、热、声有良好的绝缘性，有优美的纹理与柔和温暖的质地，其优点是其他材料无法取代的。但由于木材的吸湿性，它在干燥前后的材质变化较大，因而木材需干燥到与其使用的地方水含有率相符合时才不会变形、开裂。木材的分类及其基本性质：

（一）天然材

分为阔叶材和针叶材。

阔叶材：树干通直部分较短，材质硬且重，强度较大，纹理美观，是室内装修及家具的良好用材。

针叶材：树干通直高大，纹理平直，材质均匀，略轻软，易于加工，是建筑常用材，也用于室内装修和家具。

（二）人造板材

分为人造板和集成材。

1. 人造板

人造板包括胶合板、纤维板、刨花板、中密度纤维板、细木工板、空芯板以及各种贴面饰面材。

（1）胶合板：是将厚木材经蒸煮软化后，沿年轮方向旋切成大张单板，经剪切、组坯、涂胶、预压、热压、裁边等工序而制成的板材。单板的层数一般为奇数，3～13 层，组坯时将相邻木片纤维垂直组合，常见有 3 厘板、5 厘板、9 厘板和多层板。

（2）纤维板：是将枝丫、废料、刨花（纤维不破坏状况下）、小径材等，经切碎、蒸煮、研磨成木浆后加入石蜡、防腐剂，再经过过滤、施胶、铺装、预压、热压等工序制成的板材。由于成型时温度与压力不同，又分为硬质、中硬质（中密质）与软质三种。目前应用最多的为中硬质，即中密度板。其平展度极好，握钉力较好，为家具常用板。

（3）刨花板：是将木材加工剩余物，枝丫、小径板以及纤维未破坏之碎料等切削成片状，经干燥、施胶、加硬化剂，再经铺装、预压、热压、裁边等工序制成的板材。根据铺装方式不同分为定向刨花板与普通刨花板。普通刨花板，上下为均匀的细刨花，中间为粗大的刨花，材质均一，握钉力较好，多为家具用板；定向刨花则通体为大片刨花，握钉力较差，多为建筑用板。

（4）细木工板：是由上、下两层单板（旋切单板）中间夹有木条拼接而成的芯板，经热压制成，芯板间留有细小空隙，固性能较稳定，握钉力好，硬度、强度、耐久度均佳，但表面平展度稍次于刨花板及中密度。多用于装修用材。

（5）空芯板：是由上、下两层单板，经热压贴在四周有木框，中间为填充材料的一种板材。其特点是强度大，重量轻，受力均匀，抗压力强，导热性低，抗震性好，不易变形，隔音性好，是装修及活动房屋常用材。

（6）饰面材：1）薄木皮：为节省珍贵树种的用量，将此类木材经蒸煮软化后，旋切（山形花纹）或刨切（直纹）成单板，再经拼接，胶合或用薄纸托衬形成的贴面材。其特点是木纹逼真、质感强，花纹美丽。2）浸渍纸：经照相制版，绘制成各种木材纹理的仿真纸皮，经浸渍三聚氰胺树脂，形成浸渍纸，使用时用热压机加热即可贴在人造板上，形成花纹美丽的贴面板。3）防火板：是将多层纸基材浸渍于树脂中，经烘干，再在275℃高温下，施加1 200PS压力压制而成的胶板，其表面的保护膜具有防火、防热性能，且防尘、耐磨、耐酸碱性良好，且花纹种类繁多，是良好的家具饰面材及建筑装饰材。

2. 集成材

随着人类对木材的大量采伐，全世界森林面积不断减小，面临众多国家的缺材和贫材状况，集成材应运而生。它是为了利用开发速生丰产林种而开发出的用齿形榫（或称指榫）加胶将小径材拼宽接长，形成板方材的做法。最初用于建筑上作为木构建筑的梁架使用，由于其胶拼性能良好，形状控制简单，结构强度、弹性、韧性、耐冲击力、抗震性以及因施胶形成的耐腐蚀性等都非常的好，遂成为 20 世纪最受好评的建材之一。随着其拼接胶种的改良（建筑采用的酚醛树脂胶，会留下棕色胶线）采用脲醛树脂胶使得表面洁净无缝，因而成为家具界及装修界的宠儿。

## 二　藤竹材

藤竹均为热带、亚热带常见植物，生长快，韧性好，可加工性强，被广泛用于民间家具、建筑上。现代常用在民间风格的装修和园林绿化中的小景中。另外，用竹皮加工的竹材刨花板、竹皮板等也被广泛用于建筑施工中。藤材、竹编的家具在近年来受到广泛的喜爱，甚至成为回归自然的象征。

1. 竹材

竹材的可利用部分是竹竿，圆筒状的竹竿，中空有节，其节间距靠近，根部处密而短，中部较长。竹有很强的力学强度，抗拉、抗压能力较木材更优，且有韧性和极好的压强性。抗弯强度好，但缺乏刚性。竹材纵向的弹性模量抗拉为 13 200kg/cm$^2$，抗压为 11 900kg/cm$^2$；平均张力为 1.75kg/cm$^2$，毛竹的抗剪切强度横纹为 315kg/cm$^2$，顺放为 121kg/cm$^2$。竹材的加工，因受到材质的限制首先要进行防霉防蛀处理，一般为硼砂溶液浸泡，或明矾溶液中蒸煮等办法。

其后还要进行防裂处理，即在未用之前，生浸在水中数月，再取出风干，这就是常见的水中放竹的情景。此外用明矾或石炭溶液蒸煮，也可防裂。还需进行表面处理，一般为油光、刮青或喷漆，油光是将竹竿放在火上烤，至竹液溢油后用竹绒或布片反复擦磨，至竹竿油亮；刮青，用篾刀将竹表面绿色蜡衣刮去，使竹青显露，经刮青后的竹竿，在空气中氧化逐渐加深至黄褐色；还可用硝基漆、大漆等刷涂竹材表面。

经上述处理后的竹材即可用来加工竹制品，竹制品的加工，工艺简单、易行，成为我国南方主要的家具及建筑材料之一。常见的工艺做法有：锯口弯接、插头榫固定、尖角头固定、槽固定、钻孔穿线固定、劈缝穿带、压头、剜口作榫、四方围子、斜口插榫、四方围子、斜口插榫、尖头插榫等做法。

2. 藤材

为椰子科蔓生植物，生长在热带地区，种类有二百余种，其中产于东南亚的藤材质量最佳。藤材的种类丰富，常用的有产于南亚及我国云南的土厘藤、红藤、白藤，产于我国广东的白竹藤和香藤等。藤材在精加工前要经过防霉防蛀和防裂及漂白处理，原料藤材经加工后可成为藤皮、藤条和藤芯三种半成品原料，为深加工做准备。

## 三　金属材料

凡具有良好的导电、导热和可锻造性能的元素称为金属，如：铁、钴、镍、铜、锌、铬、锰、铝、钾、钠、锡等。合金则是由两种以上的金属或金属与非金属元素组成的具有金属性质的物质。如：钢为铁碳合金，黄铜为铜锌合金。

金属材料在建筑环境中所起到的作用非常之大，尤其是今天，我们的建筑离不开钢铁的支撑和填充，也离不开各种合成金属的装饰和点缀。其中最为突出的是色泽各异的各种不锈钢制品和铝合金制品，已越来越多地走向建筑环境装修的舞台上来。

1. 常见铁金属材料

普通钢材：建筑材料中强度、硬度和韧性最优的一种。

铸造用生铁：翻制坯模、铸铁栏杆。

熟铁：花栏杆及家具。

2. 不锈钢

常见有含 13%铬的 13 号不锈钢，含 18%铬、镍的 18 号不锈钢等。按其表面处理形式的不同又可分为：镜面不锈钢、雾面不锈钢、拉丝面不锈钢、腐蚀面不锈钢，有凸凹板、穿孔板和异形板等板材。不锈钢板在现代环境装修中用量非常大。

3. 铝材

银白色有色轻金属，熔点660℃，有良好的导电性，化学性质活泼，在空气中易氧化，但形成氧化膜后性能稳定，便于铸造加工，可染色、着色，固可以加工成各种彩色铝板，用于建筑外、内的墙面、天花等饰面上。在铝金属内加入镁、铜、锰、锌、硅等组成铝合金后，其化学性质非常优秀，机械性能明显提高，可以制成平板、波纹板、压型板，还可以制成各种断面的型材，表面光泽适中，耐腐蚀，经阳极化处理后更加耐久，铝合金还是良好的飞机外壳和壳体建筑原料。

4. 铜材

作为建筑装修装饰的材料有着悠久的历史，其表面光洁，亮度适中，有良好的传热、导电性能，经磨光后可形成亮度极高的铜镜（如我国古代的菱花镜），常用于装饰饰件、浮雕、嵌条、扶栏、五金配件等。铜长时间露置于空气中会被氧化生成铜锈，可用覆膜法保护，也可供其生锈成为铜绿色效果，以此表现时间的流逝。常用铜材有：纯铜，性软，表面光润，会生绿锈；黄铜，铜与锌合金，耐腐蚀性好，表面呈金黄色也有绿锈；青铜，铜锡合金，也有绿锈；白铜，含9％～11％的镍，表面白亮如银，锈少；红铜，铜金合金，又称紫铜。

5. 常见金属材料的加工

成型加工：铸造，分为砖形铸造和压铸，常用来铸制可变模件、拉丝和挤出件；锻造，为可塑性加工，滚压为切削和研磨加工。

表面处理：阳极化处理，即电镀法，表面加以镀层；腐蚀法，酸性溶剂对金属的腐蚀作用，达到表面蚀刻；表面压花，表面加压或表面涂层加压；表面喷漆，溶剂喷烤或表面粉末喷涂形成特殊弹性保护膜，兼具装饰作用。

常见金属的连接：

电焊、铆接、槽接和弯曲成型法连接，现在还有高压或热压弯曲成型以及胶粘连接法。

6. 常见金属五金件

钉、螺钉、螺栓、铰链、暗铰链、门插、把手、饰件、合页、金属挂杆、锁、挂环、支撑件、滑道、支架等。

## 四　砖材

砖是以黏土、水泥、砂、骨料及其他材料依一定比例混合后，由模具脱坯后，入窑烧制而成的，最常见的有红砖和青砖。因制作方法不同分为机制黏土砖、手工黏土砖两种。还有灰砂砖（硅酸盐砖），炉渣、矿渣砖，空心砖等。空心砖，有多孔承重砖、黏土空心砖、水泥炉渣空心砖及单孔、双孔、多孔等及各式花砖。空心砖是用于减轻砖体重量和增强装饰效果而制的，减轻重量后可使建筑物自重减轻，便于结构、体积减小，扩大房间内部面积。砖材垒堆起的墙体，根据砖三维尺寸的不同及排列组合方式的变幻，可形成各种富于肌理变化的图案，适当的运用会收到意想不到的效果。

## 五　瓦材

瓦材配料与烧制过程与砖材类似，有黏土瓦、水泥瓦、琉璃瓦等。黏土瓦：以黏土为原料，加水抖匀，经脱坯烧制而成，分平瓦与脊瓦两种，颜色有红瓦与青瓦之分。

水泥瓦：以水泥和石棉为原料，经加水拌匀压制成型，养护干燥后而成。同样分为平瓦、脊瓦。另还有波形瓦，波形瓦又叫波形石棉瓦，具有防火、防腐、耐热、耐寒、绝缘等性能。

琉璃瓦：黏土经制坯、干燥、上釉后（烧制而成）的一种高级屋面材。其色彩艳丽，质坚耐久，品种繁多，是我国传统建筑常用的高级屋面材。

## 六　石材

石材是建筑史上人类最早用来建筑房屋的材料之一，也是原始人类最早居住的洞穴壁面材。石材分为天然石材与人造石材。

天然石材为人类由天然岩体开采出来的石体，经加工制成块状、板状材料。人造石材为人工以天然岩石的矿渣为骨料制成的材料。

石材一般按应用的部位不同分为三大类。即：承受机械荷载的全石材建筑，如大型的纪念碑式建筑、塔、柱、雕塑等；部分承受机械荷载的基础；台阶、柱子、地面等的材料；最后一类是不承受机械荷载的内、外墙饰面材，饰面材的装饰性能是通过色泽、纹理及质地表现出来的。由于石材形成的原因不同，其质地及加工性能也有所不同，因此应适当地针对石材质地予以注意和保护。

常见的饰面石材有：

1. 天然大理石

天然大理石是指变质或沉积的碳酸盐类石材，其组织细密、坚实，可磨光，颜色品种繁多，花纹美丽变幻，多用于建筑内部饰面。由于耐水、耐风化与耐磨性都略差，一般不用于室外，部分用于地面和洗手台面，多用于立面装饰。常见品种有：大花白，大花绿，细花的各种米黄石、啡网石、黑白根、珊瑚红等。

2. 天然花岗石

天然花岗石的主要矿物成分为长石、石黄、云母等，属岩浆岩，其构造特点为，材质致密，硬度大，耐磨、耐压、耐火、耐大气中的化学腐蚀；其花纹为均匀的粒状斑纹及发光云母微粒，是内外皆宜的高档装修材料之一。常用材有：印度红、将军红、石岛红、芝麻白、芝麻灰、蒙古黑、黑金砂、啡钻、金钻麻、巴西蓝等多种多样的材质。

3. 人造石材

人造石材有人造大理石、花岗石、水磨石及再造石等多种。

人造花岗石及大理石是以天然石粉及石块为骨料，加树脂为胶粘剂，经搅拌后注入钢模，再通过真空振荡，树脂固化后一次成型，经锯切、磨光，制成标准规格。其花色可模仿自然石质亦可自行设计，发挥余地极大。而且抗污力、耐久性、材质均一性均优于天然石材。

水磨石亦是一种人造石材，以水泥或其他胶粘剂和石渣为原料，经搅拌、配色、成型、养护、研磨而成的材料。分为现制水磨石和预制水磨石。按设计要求不同又可分为普通型水磨石和异型水磨石，其中大的平面板材为普通型，曲线形、多边形以及柱板、柱础、台面等属于异型。按结构处理的不同又分为普通磨光、粗磨面、水刷石、花格板、大拼花板、全面层板、大坯切割板、聚合物板和聚合物表层人造花纹板等。

4. 石材的表面加工

石材由荒料到制成板材过程比较简单，但要使其具有良好的装饰性能，需对其表面进行再次加工处理，一般有：粗磨、细磨、抛光、烧毛和凿毛等工序。研磨工序一般分为粗磨、细磨、半细、精磨、抛光五个程序。抛光是研磨的最后工序，也是石材表面达到最大反射光线，并使石材色泽最充分表现的关键。

烧毛是将锯切后的花岗岩（不适合大理石）板材，用火焰喷射器进行表面烧毛，使其表面呈现出天然状态。

琢石又叫凿毛，适用于 30mm 以上的板材，其方法是用排锯锯切石材表面，或用斧子人工凿垛石材表面。

## 七　水泥

水泥是一种良好的矿物材料，粉末状水泥经混合后，由可塑性浆体变成坚硬的石状块体，其硬化条件无论在空气中还是在水中都能良好形成，而且在水中硬化强度还能有所增加，属水硬性胶凝材。水泥通常可分为：彩色水泥、加气水泥和超致密水泥。

彩色水泥是将白水泥熟料、石膏与颜料共同研磨而成。其加入的颜料要求对光和大气具有耐久性、分散度细、耐碱又不会对水泥起破坏作用，且不含可溶性盐类。加气水泥是在混凝土中分布少量气泡，使混凝土的抗冻、抗腐蚀性均有所提高，并提高混凝土的和易性。超致密水泥是在普通水泥中加入适当的板性聚合物（3%），使之被吸附在水泥粉粒上，产生反絮凝作用，使水泥黏度增加，水化物致密。其特性是强度与刚度有效结合，加之聚合物的特性，使抗张强度增加 20 倍，韧性增强 100 倍，柔性和绝缘性亦佳。以此种水泥制成的薄板可以贴在其他材料上（木材、普通水泥、塑料、石膏板等），作为保护可以制成各种超致密的水泥板，用于防水性能要求较高的环境当中。

抹面水泥的砂浆的种类及用法：

普通抹面砂浆：通常分为两层或三层施工，底层抹平层的作用是使砂浆牢固地与底面黏结，并有很好的保水性，以防水分被底面材吸掉而影响黏着力。

装饰砂浆：涂抹在建筑内、外墙的，能具有美观装饰效果的抹面水泥砂浆。

## 八　墙面粉刷材料

（1）石膏粉，遇水凝结成块，常用来嵌缝填孔。

（2）腻子粉（大白粉、双飞粉），加水加 107 胶加纤维素成为腻子，做面层的最后找平，一般为 2～3 遍刷涂墙面之上。

（3）乳胶漆，为聚氯乙烯脂乳胶作黏着剂与大白粉、颜料、滑石粉、研磨混合制成的浆状涂料，用于内外墙的粉刷装饰。因为它易溶于水，成膜快，成膜厚度好，无刺激性气味、无公害，是环保型涂料，被广泛用于当代建筑的内外涂饰上。

## 九　玻璃

玻璃是以石英砂、纯碱、石灰石等主要原料与辅料，经 1 550℃至 1 600℃高温熔融，成液态，然后经成型并急剧冷却而形成的固体。玻璃作为建筑材料，由过去单纯作原材料已转向控制光线、调节热量、节约能源、控制噪音以及降低建筑自重、改善环境形象等方向发展，同时又有着色、磨光、刻花等装饰手法提高装饰效果，又有加钢丝网的强化玻璃、防止噪音和隔热的中空玻璃。

平板玻璃（浮法玻璃）表面平展、光洁，无玻筋、玻纹，光学性质优良。

磨砂玻璃（毛玻璃），机械喷砂或手工研磨或氢氟酸腐蚀。形成表面均匀的毛面，使光线产生漫射，只适光不透视，可使室内光线柔和。

夹丝玻璃（防碎玻璃）将普通平板玻璃加热到热软化状态，再将预热处理后的铁丝网压进玻璃中而形成。颜色可以透明或彩色，表面可以压花或落光，使其强度增加，破而不缺，裂而不散，并能在烧蔓延时，热炸裂后固定不散，防止火热蔓延，常用于天窗、天棚顶盖、楼梯间、电梯等处。

花纹玻璃，将玻璃表面按设计图案加以雕刻、印刻等无彩处理，形成花纹。有压花、喷花和刻花三种。压花，在玻璃硬化前，经有刻纹的滚筒，在玻璃单面或双面压出深浅不同的花纹。喷花，将玻璃表面贴加花纹防护层后，喷砂处理而成。刻花，经涂漆、雕刻、围腊与腐蚀、研磨而成。

透明彩色玻璃是在原料中加入金属氧化物而成。不透明则是在一空形状的平板玻璃上喷的色釉，经烘烤而成。

钢化玻璃平板，玻璃经“淬火”处理而成。强度比未处理前高3倍至5倍，具有较好的抗冲击、抗弯、耐急冷、急热性能。玻璃破碎后裂成圆钝碎片，不致伤人。品种上可分为平钢化、弯钢化、全钢化和区域钢化。

夹层玻璃，夹层玻璃是用透明的塑料层（衬片）将2～8层平板玻璃胶结而成的，具有较高的强度，安全、耐冲击。

中空玻璃亦称隔热玻璃，由两层以上平板玻璃组成，四周密封，中间为干燥的空气层或真空。

热反射玻璃具有良好的遮光隔热性，可用于超高层大厦等各种建筑场，不仅可以节约室内空调能源，还能增加建筑物美观，但却会导致室外环境温度升高。制造方法是在玻璃表面涂敷金属氧化物薄膜，其薄膜可以是喷涂，也可以浸涂。

玻璃空心砖，用两块玻璃经高温压铸成四周封闭的空心砖块，以熔接或胶结成整体，以空心砖来砌墙，具有热控、光控、隔离、减少灰尘及凝露等优点。有单腔和双腔两种，双腔即空心砖在两个凹形砖之间有一道玻璃纤维网，从而形成两个空心腔，具有更高的隔热效果。

电热玻璃，由两块烧铸玻璃型料压制而成；两玻璃之间铺设极细的电热丝，电热丝用肉眼几乎看不见。这种玻璃上不会发生水分凝结、蒙上水汽和冰花等现象。

## 十　陶瓷

陶瓷是陶器与瓷器两大类产品的总称，陶器有一定吸水性，表面粗糙无光，不透明，碰之声音粗哑，分为上釉与不上釉两种；瓷器坯体细密，不吸水，表面有釉层，半透明，烧结度高。

1. 墙面、地面用陶瓷

（1）内墙瓷砖，由瓷土压制而成，干燥后上釉熔烧而成，表面光滑，易清洗，颜色丰富多样，因与外墙砖不同，不可用于室外。

（2）陶板砖，优质黏土制成，吸水率小于 5%。

（3）陶瓷马赛克，用优质瓷土烧成，分上釉、不上釉两种，质坚、耐火、耐腐蚀、吸水率小，易清洗，色彩丰富，最适合外墙及地面使用。

（4）陶瓷壁画、壁雕：陶瓷壁画，是在陶瓷板上使用颜色釉绘画，经高温烧成；壁雕，采用陶瓷板材料使用雕刻方法制作的一种壁饰。

2. 陶瓷器具

（1）陶瓷洁具，以陶土或瓷土制坯并烧制出来的卫生洁具用品，是洁具中品质最好的，具有质坚、耐磨、耐酸碱、吸水率小、易清洗等优点。形式、种类丰富，色彩也很多，以白色为最常用。

（2）陶瓷器皿，日用陶瓷是陶瓷中应用最广的产品，人们日常生活中不可缺少的生活必备品。种类、花色齐全，质地或细腻或粗糙，釉色变化丰富。

3. 陶瓷艺术品

以单件艺术品形式出现。由于陶瓷的原料可塑性极强，可画可塑，因而成为艺术家进行创作的极好载体。陶艺作品可以既实用又供欣赏，亦可作为大型艺术品登上大雅之堂，是艺术与生活结合的产物。

## 十一　塑料

塑料是人造的或天然的高分子聚合物，以合成树脂、天然树脂、橡胶、纤维素酯或醚、沥青等为主的有机合成材料。这种材料在一定的温度和压力下具有流动性，因而可以塑制成各种制品，且常温常压下保持其形状不变。它有质轻，成型工艺简单，物理、机械性能良好，并有防腐、电绝缘等特性，但耐热性和韧度较低，长期暴露于大气中会出现老化现象。常见的塑料制品有：塑胶地板、贴面板、有机玻璃、人造皮革、阳光板、PVC 吊顶及隔墙板等。

塑胶地板是聚氯乙烯树脂加增塑剂、填充料及着色剂，经搅拌、压延、切割成块，或不切而卷成卷。以橡胶为底层时，成双层；面层或底层加泡沫塑料时则成三层。贴接胶粘剂为聚氨酯型 405 胶。塑料贴面板系多层浸渍合成树脂的纸张层压而成的薄板，面层为聚氨酯树脂浸渍过的印花纸，经干燥后叠合，并在热压机上热压而成。因面层印花纸可有多种多样颜色和花纹，因形式丰富，其化学性能稳定，耐热、耐磨，在室内装饰及家具上用途极广。

有机玻璃是热塑性塑料的一种，透光性好，机械性能好，耐热、抗寒、耐腐、绝缘等性能好，成型容易，但较脆，且不耐磨，有多种颜色。

人造皮革以纸板、毛毡或麻织物为底板，先经氯乙烯浸泡，然后在面层涂以由氯化乙烯、增韧剂、颜料和填料组成的混合物，加热烘干后再以压碾压出仿皮革花纹，有各种颜色和质地。处理上可平贴、打折线等。

PVC隔墙板系以聚氯乙烯钙塑材料，经挤压加工成中空薄板。可作室内隔断、装修及搁板。具有质轻、防霉、防蛀、耐腐、不易燃烧、安装运输轻便等特点。

## 十二 墙纸

墙纸是室内装修中使用最广泛的界面（墙、天花）装饰材料，其图案丰富、色泽美观，通过印花、压花、发泡等可制成各种仿天然材料和各种图案花色的墙纸。一般按基材的不同分为：纸基纸、织物纸、天然材料纸、金属纸、塑料纸五种类型。

纸基墙纸是发展最早，纸面可以印图案、压花，基底透气性好，水分易散发。但不耐水、难清洗、易断裂，改性处理后其性能有所提高，是壁纸中既环保又高档的产品。

织物墙纸以丝、毛、棉、麻等纤维织成，并浸以防火、防水涂料，是室内装饰材料中的上等材料。给人以高尚、雅致、柔和的印象。

天然材料墙纸用草、麻、木材、树叶、草席等制成，也有用珍贵树种薄木制成，其产品材质自然、舒服，给人以亲切、高雅的感觉，亦是高档材料。

金属墙纸在基层上涂有金属膜制成，给人以金碧辉煌、庄重大方的感觉，适合在气氛热烈的场合使用，如舞厅、酒吧等。

塑料墙纸是发展最迅速、应用最广泛的墙纸（布），约占墙纸产量的 80%。有发泡墙纸、特种塑料墙纸等。

## 十三　地毯

地毯是以毛、麻、丝及人造纤维材料为原料，经手工或机械编织而成的用于地面及墙面装饰的纺织品。分为纯毛地毯、混纺地毯和化纤地毯。此外，还有用塑料制成的塑料地毯和用草、麻及其他植物纤维加工制成的草编地毯。其中，纯毛毯分为手织与机织，手织毯昂贵，绒毛的质与量决定地毯的耐磨程度，耐磨性常以绒毛密度表示。混纺毯品种极多，常以毛纤维与其他合成纤维混织，其耐磨性可提高五倍。化纤毯则以丙纶、腈纶纤维为原料，经机织制成面层，再与麻布底层溶合在一起制成。品质与羊毛类似，耐磨而富有弹性，经特殊处理后可具防火阻燃、防污、防静电、防虫等特点。根据地毯表面织法不同又分为：素花毯、几何纹样毯、乱花毯和古典图案毯；根据断面形状不同则可以分为：高簇绒、低簇绒、粗毛低簇绒，以及一般圈绒、高低圈绒、粗毛簇绒、圈簇绒结合式地毯。

## 十四　石膏板

石膏是以熟石膏为主要原料加入适量的纤维与添加剂制成，具有质轻、绝热、吸声、不燃和可锯可钉性等性能。石膏板与轻钢龙骨（由镀锌薄钢压制而成）的结构体系（QST 体系），已成为现代室内装修中内隔墙的主要体系。石膏板的种类大致如下：

（1）纸面石膏板：在熟石灰中，加入纤维、轻质填料、发泡剂、缓凝剂等，加水拌成浆，浇注在重磅纸上，成型后覆以上层面板，经过凝固、切断、烘干制成。上层面纸经特殊处理后制成防火或防水纸面石膏板。但纸面石膏板不适合放在高湿部位。

（2）装饰石膏板：在熟石膏中加入占石膏重量 0.5%～2% 的纤维材料和适量胶料，加水搅拌、成型、修边而成，通常为正方形，有平板、多孔板、花纹板等。

（3）纤维石膏板：将玻璃纤维、纸浆或矿棉等纤维在水中“松解”，在离心机中与石膏混合制成料浆，然后在长网成型机上经铺浆、脱水，制得无纸面石膏板。抗弯强度和弹性都高于其他石膏板。

# 第三节　环境绿化与环境景观

随着城市规模的扩大，绿地农田在不断减少，工厂住宅吞食了大量的土地。越来越多的人走进钢筋混凝土的大厦，并长期工作、生活在那里；越来越多的街道两旁不是树木花草，而成为建筑的丛林，人们抬头望见的是铅灰的天空和赤裸着的建筑……这时候，对自然的渴望，对绿色田园的向往，比以往任何时候都要强烈。因而，将绿色植物引入视线，已不仅是美化环境的问题，而且还是提高环境质量和生活质量的大问题。因为植物在光合作用下可以制造更多的氧气，又可以使灰尘吸附于叶子上，并能吸收有毒气体，净化空气，调节湿度，涵养水分。而且，据研究，绿色植物的颜色可以刺激大脑皮层，使之产生良好反应，从而使大脑得到休息。

绿化设计与环境艺术整体设计已经密不可分。在室外，它是衬托建筑环境的最佳背景，并形成良好的环境小气候；在室内，它不仅与园林园艺手段结合，且参与空间组织，并能使空间更加完善美好，协调人与环境的关系，使人不会对建筑产生厌倦，且有室外所没有的安全和庇护感。绿色植物已成为人与环境之间关系融洽的纽带和桥梁。

## 一　绿色植物参与空间的组织

1. 室内外空间的过渡与延伸

可以将室外空间的植物延伸至室内，使内外植物相互呼应，形成自然过渡，使人的视线有自然的连贯性，达到内外相融的效果；将门廊的顶棚及墙面，悬吊绿色植物，也可以达到内外相通的效果；借助玻璃的通透效果，将室外园林及绿化通过借景的手法引进室内，甚至还可以将室外景观部分延续进室内，形成内外景物相互渗透和参与的形式，达到彼此的融合，从而使室内空间对外界形成无限的延展性。

2. 植物在空间中的提示性与导向性

利用绿化与景观相结合的手法，使局部环境成为视线集中点来吸引人的注意力，并能达到含蓄而巧妙地提示与指向作用。如绿树掩映的大堂酒吧台，提示大家那里是上好的休息区等。

3. 参与空间的限定与围合

利用绿色植物来分隔调整空间，自然得体，又不破坏空间的完整性和开敞性。

4. 柔化空间环境

现代建筑不仅大多由直线形和板块形构件围合而成，还有容量巨大的空间，使人感到既生硬又陌生，并产生一种极强的距离感——“这里不是我的世界”这种念头会油然而生，这就是冷漠建筑令人产生的茫然与恐惧。因而，这时绿色植物的引入会因那些柔美妖娆的曲线和生动的绿色影子，使人产生对建筑物的亲切感，空间的尺度也会因此而趋于宜人和亲切。因为植物的高度与人的高度对比不大，使人的视觉在尺度感上不至于失衡（图 3—9）。

**图 3—9　夏威夷的海特酒店内庭**

## 二　作为陈设的绿化植物参与空间的点缀

在室内，绿色植物多用作空间的点缀，这是一种比其他任何陈设品都具有生机和活力的陈设，也是最具表现性的陈设之一：

（1）植物与家具等结合形成隔断性的陈设品，如我国传统的百宝格内陈放形态各异的兰花作陈设，既分隔了空间，绿化了环境，又充分体现了环境的高洁与清雅，文人气一览无遗。

（2）植物作背景，来突出商品或展品及至家具，更能突出主题，引人入胜。

（3）丰富剩余空间，以植物作为点缀来填充剩余空间，使空间更加充实、丰富，充满生机，情趣宜人。

## 三　环境景观的配置与设计

### （一）造景

造景，常采用庭园式、园林式等手法，使得建筑组群的层次更加丰富，并形成宜人的环境气氛。

1. 室外庭园，室内借景

一般有三种，内庭园与开敞的外庭园。内庭园一般为建筑组建中采光井，兼通风，调节小气候用，面积较小，影响不会太多，多为简单山石或水面，配置部分植物，其景物可作室内景观的延伸，此种内庭绿化可以坐赏为主，因面积不太大，户外用仅仅有换口气的感觉。开敞外庭园一般面积较大，并有各种园区和各种不同主题与用意，其间叠石理水、绿化、观赏、雕塑、壁画等多种艺术手法均可表现其中（图 3—10）。

**图 3—10　法国尼斯圣母院的庭园**

2. 室内外穿插式庭园

在气候允许的地区常采用的一种手法。一般设在建筑底层，由建筑群体中相互交错的连廊、过道等使几个小的庭园景观贯穿为一体，并以亭台、流水、小桥、绿化相互穿插结合，通过大的落地窗、借景窗、半透格花墙、开敞空间、观光电梯等相互联系与渗透，形成情景交融，生机勃勃的室内外空间（图3—11）。

3. 室内庭园

在气候条件较差地区或室外环境较小的环境下，有意地开辟一块不受外界条件干扰的常青园地，并以此来增添环境中宜人的气氛。一般这种庭园的室内多有大面积的采光顶棚或落地采光窗（图3—12）。

**图3—11　植物从室内到室外渗透和延续**

**图3—12　西班牙马德老站内的热带植物园**

（二）叠石与理水

叠石是我国传统园林常用的手法，至今仍不失为景观设计中的常胜将军，是中式造园甚至现代园林艺术设计中必不可少的手法之一。中国传统的造园思想中，“园可无山，不可以无石；石配树而华，树配石而坚”。的说法更加表明了这一点。而且在室内，即使不能叠石也要供几案陈列观赏。能做石景或被用来观赏的石头，被称为品石，即上品之石。品石有太湖石、锦川石（石笋）、黄石、腊石、钟乳石、灵璧石，还有近年兴起的化石（图 3—13）。

常用叠石手法有散置和叠石两种，散置即将石品零散摆放在草地、池畔、树旁的做法，看似无意，其实其间的均衡、比例与风水之说似有所关系。叠石是将石块堆叠成常说的卧、蹲、挑、飘、洞、光等造型（图 3—14）。

**图 3—13　山石盆景中的极品“叠云”**

**图 3—14　叠石在传统庭院中的运用**

理水，是在景观中引入水体（水池、喷泉、瀑布），使环境更加富于状态和流动感，并有潺潺水声，形成生动活泼的气氛。由于水体作为园林风景，具有收效快，点景力强，效果突出的特点，又加之我国传统习俗中，水是财富的象征，还要加上我国是个贫水国，因而在园林中，水体便成为必不可少的景观之一。

水池：面积可大可小，设计可繁可简。蓄一池碧水，以水面为镜，倒影为图，养游鱼数条，池莲数支，池内筑山，山上水流倾注池中，池旁有岸，岸边幽篁数丛，篁内石灯幽然……此情此景思古之情油然而生，令人悠然忘我。水池的形状亦可方可圆，也可屈曲回折，池水可深可浅，可成滩、池、潭、溪，其池岸材料也可是卵石、碎石、沙滩、灰桩、湖石，皆按其意境之不同，任由配置（图 3—15）。

**图 3—15　一池碧水，几枝睡莲，数尾红鲤，有动有静、情趣盎然**

喷泉：多为人工喷泉，即以水泵将水流加压打成向上喷射的水柱、水花或雾状散落的水雾，水流落回池中。其喷射的复杂程度可因地制宜，可繁可简。喷射的图案，色彩均可由计算机程序控制，并可以加上不同音乐，形成音乐喷泉，喷泉多与雕塑假山结合，以取得综合的观赏效果。因喷射水流的程度和方向的不同，所以将喷泉分为：单射流喷泉、集射流喷泉、散射流喷泉和混合射流喷泉以及球形射流、喇叭射流等喷泉。

瀑布：利用假山、叠石、低地挖池作潭，高处水流下泻，击石拍岸，使室内变得有声有色，若逢阳光直射，又可形成七彩飞虹，更加情趣盎然。也可以墙面为坡，形成水幕，静中有动，水声潺潺，亦是情景交融。

（三）植物配置

不同的植物形态、花色、香气皆有差异，有的适合成群成片栽植，有的则只需一枝独秀，才能见其高品。因此，对于植物的配置应根据花木形态特点及数量予以适当的搭配，才能最终得到良好的效果。

孤植：所谓一枝独秀式的配置方式，以盆栽单一品种植物单独摆放的形式出现。传统植物如桃树、兰花、梅花以及单盆的竹，盆景里黄杨、榆、松等都是孤植的代表之作；而现代植物如巴西木、苏铁、棕竹、绿萝等也都经常适合孤植。孤植方式是最为灵活的植物配置方式，适合室内近距离观赏，因此其形态，色彩都要优美而鲜明，并应注意与背景的关系，及有充足的光线来衬托。此种配置多放在空间的转折处。尺度大的植物宜放置在相对固定的空间，如墙面及柱子等处，使之与人流保持一定距离，人的视线才能观察其整体效果；中等尺度的植物宜与家具及陈设搭配，并使其视线略低于人的视线位置；而小型盆栽植物，则适合作为陈设品摆放于家具上、窗台上、搁板上某位置，让人能全方位观看，并能与家具、陈设相映成趣。

对植：即在视觉集中点的两侧对称摆放单株或组群的植物，从而形成对称、稳定的格局。常用于入口处、楼梯两侧以及环境的视觉中心两侧，以强调对称关系的重要（图 3—16）。

群植：一种是同种花木群植，形成完整统一的大面积大手笔的印象，此做法可以突出花木的特征，突出景观特点，达到重点强调、中心突出的目的。另一种是多种花木混合群植，它可以配合其他景观，模仿自然形态，通过疏密的搭配、错落有致的格局，以形成一种层次丰富，优雅宜人，属于天然情趣的园景。此种配置中，花木可以是固定种植的，也可以是可以移动和变换位置的。

此外，有些攀缘植物如藤、萝，下垂、吊挂植物如吊兰、南天竹等，需依附一定的构架条件。同样可以孤植、群植、混合种植，而且往往孤植的藤类植物会形成一藤长久，遮天蔽日，把一片面积都发展成它的领土，变成具有群植效果的栽培（图 3—17）。

植物在空间中的位置只有两种形式，即水平配置和垂直配置。且这两种配置可以形成我们环境所要求的各种形态和要素，植物的表现力极其丰富，并能形成我们所要求的以点、线、面、体的形式参加空间的构成与分割。

图 3—16　植物的对称组合

图 3—17　一藤长久，福及子孙

## 四　盆景与插花

### （一）盆景

盆景是我国传统园林艺术的瑰宝，以它那富于诗情画意的神奇作用，装点于庭园、厅堂，使我们可以不出门领略林泉高致、幽谷翠屏的美好境界。盆景在传统绿化中，有着悠久的历史和重要作用，它用植物、山石、瓷雕等素材，经过艺术处理和加工，仿效大自然美的山川，塑造出活灵活现的活的艺术。盆景其艺术手法被称为“缩龙成寸，小中见大”，并给人以“一峰则太华千寻，一勺则江湖万里”的艺术感染力，因而被誉为

“无声的涛，立体的画”，它源于自然，又高于自然，是自然美景的高度浓缩。

盆景按其主要取材的区别，分为树桩盆景和山水盆景。

1. 树桩盆景

树桩盆景又称桩景，一般选用株矮、叶子寿命长、适应性强的植物作原型，经修剪、整枝、吊扎和嫁接等加工，并精心地加以培育，长期控制其生长，从而形成人们所希望的造型：有的苍劲古朴，有的疏影横斜，有的屈曲盘旋，有的枝叶扶疏亭亭玉立。桩景的种类非常丰富，主要有：直干式、斜干式、横板式、悬崖式、垂板式、提根式、丛林式、寄生式等；此外还有云片、劈干、顺风、疏板等造型（图 3—18）。

**图 3—18　树桩盆景**

2. 山水盆景

山水盆景是将山石经过雕琢、拼接、腐蚀等处理，放置于形状各异的浅盆中，点缀以亭榭、舟桥、人物，并配植小树、苔藓，构成山水景观。山石因其软硬不同可分为硬石与软石。硬石，如石英石、太湖石、钟乳石、斧劈石、木化石等，不吸水，难长苔藓。软石，如鸡骨石，芦管石、浮石、砂积石等，易吸收水分，易长苔藓（图 3—19）。

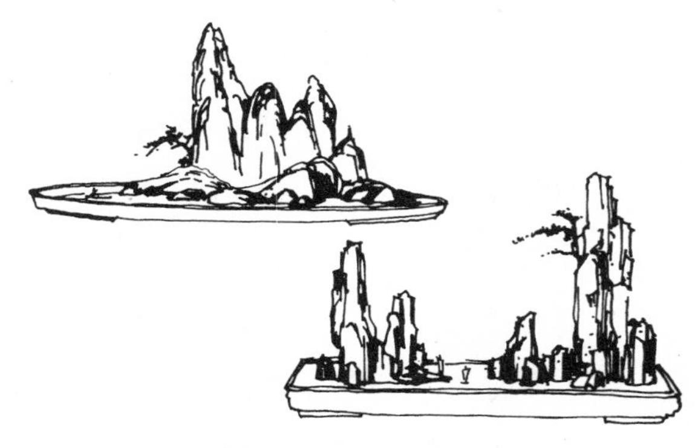

**图 3—19　山水盆景**

山水盆景的造型有孤峰式、重叠式、疏密式等。各地的盆景又与石料的艺术加工手法的不同各有所长。四川砂积石盆景着重表现"峨眉天下秀"、"青城天下幽"、"三峡天下险"、"剑门天下雄"等状的景色。而广西的盆景则着重展现桂林山水的秀美奇特："几程漓水曲，万英桂山尖"；"玉簪斜插渔歌欣"…… 还有一种旱盆景，以砂石为表现素材，表现崇山峻岭、沙漠驼队等，风格上讲究清、通、险、阔和山石的嶙峋与雄奇。此外，还有树桩、山水兼而有之的水旱盆景及只有石料的石玩盆景。其中尤其以石玩盆景最受传统文人的喜爱，它以形状奇特、姿态优美、色质俱佳的天然石料为素材，经过修理，配以盆、座、盘、架而成为案头清供的佳品美石，此类石玩盆景尤以广西石玩为最（图 3—20）。

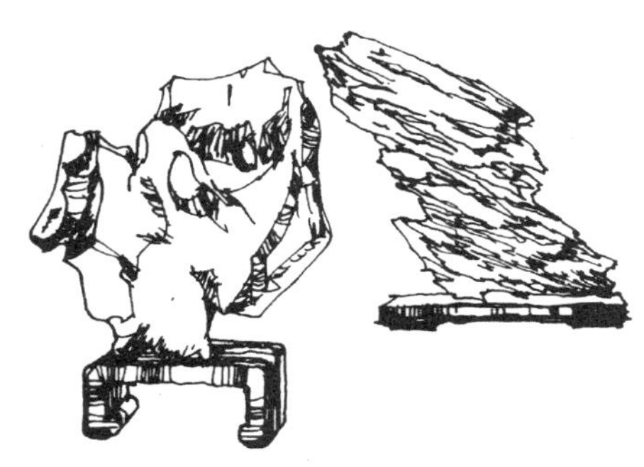

**图 3—20　山石盆景**

另外还有微型盆景和挂式盆景，皆以小巧玲珑，精致秀美见长，小者可一手托几个，置于架格悬挂于墙上，是书房最适宜不过的陈设。

盆景的盆和几架，是品评盆景好坏不可缺少的部分，并有“一景二盆三几架”之说。盆一般有紫砂、瓷盆、理石盘、钟乳石“云盘”，还有以树蔸做盆的做法。几架有红木、斑竹、树根等制品。

（二）插花

插花，又叫切花，是切取植物的花、叶、果实及根须作为材料，插入各种容器，并经一定的艺术处理，形成的自然、精美的花卉饰品。作为一种艺术，插花不仅可以带给人美的享受和喜悦，还能使人在插花过程中体验到美的创造，陶冶美的情操和美的修养。由于不同国家、民族和地区对于花的喜好不同，插花也有着各自不同特色（图 3—21）。

**图 3—21　现代西式插花**

依花材的不同可以把插花分为鲜插、干插、干鲜混合和人造花插花。依据地域之不同又可以分为东方式即线条式和西方式即立体式插花。依据用途分类，又可以分为礼仪插花和艺术插花。其中东方插花以中国和日本为代表，选用的花材简单，有清雅的内在之美，以姿态取胜，求抽象的意境。日式插花因作为一种成熟的民间艺术较程式化，讲究章法。而中式插花虽也有讲究，但只在构思和主题上较重视，在风格上和形式上无定式，因而较自由、不拘泥。西方式插花注重的是花材的花形、色彩等外在美，追求块面效果和整体关系，构图较对称，色彩浓艳，厚重，端庄大方，雍荣华丽，热情奔放。

1. 插花的立意与构图

立意与构图是进行操作之前的必要准备。立意，是根据花材的形状特征和象征性含义进行构思，这是传统中式插花的开端，也是最常用的手法。比如松、竹、梅、菊的象征性，就常用来做中式插花的主题，以此为立意的插花作品也必定表达了美好纯洁的内心思想和美好愿望。构图，是根据花材的形状，进行巧妙构思，以力图达到一种统一、协调、均衡和富于韵律感的构图形式。一般按外轮廓形状构图分为：对称式、不对称式、盆景式和自由构图式。依主要花材在容器中的位置和形态分为直立式、下垂式、倾斜式和水平式。

2. 插花的工具与步骤

插花工具，必备的有刀、剪、花插、花泥、金属丝、水桶、喷壶、小手锯、小钳子，另外有时还需有一些小木条或小树枝，以作备用。插花专器，各种花瓶、盆，各种碗、碟、杯、筒以及能盛水的各种工艺品。

步骤，由选材开始，被选择的花材应具备以下条件：生长旺盛、强健、无病虫害、无伤、花期长，水分充足，花色明丽亮泽，花梗粗壮，无刺激气味，不污染衣物。一般花材应清晨剪取，以便有良好的保水性，需切口时应在水中切取，斜切口，以扩大吸水面积，然后是具体插配操作。

## 五　环境绿化的常见花木

一般室内选用的植物可以不受地域及气候状态影响，热带、亚热带、温带植物均可选择，但由于室内用植物多以观赏为主，固常选用性喜高温、多湿的观叶植物和半喜阴的开花植物。观叶植物一般多原产于热带，喜阴，适合室内种植，其中有蕨类、南天星科、竹芋科及部分兰科、百合科、棕榈科植物。观花植物则以兰科、杜鹃科、百合科、堇菜属等为主，一般多根据当地气候条件选择适合的木本及草本植物。

# 第四节　陈设品与设计

陈设品是完成空间装点的主要角色，并且从某种意义上讲，它可以说是室内空间的主体内容之一。按不同材质、用途、作用，我们可以把陈设品作一个汇总，并按功能不同作一分类：即实用性陈设品和装饰用陈设品。实用性陈设品包括家具，织物（含地毯、窗帘、床上用品、家具色衬织物、靠垫等，因为它种类多、作用大，既是陈设又参加空间围合，我们把它单列一节作详细介绍，在这里不再赘述），以及其他日用品，如瓷器、玻璃器皿、塑料制品、家用电器，各种照明器及烛台等。非实用性的装饰用陈设品，包括装饰织物如挂毯、台布等；雕塑；绘画包括书法、油画、水彩装饰画、民间绘画等，以及配合各种装裱的画框；工艺美术品；礼品；民间玩具、古玩等。林林总总，数之不尽。而且陈设品的概念是一个没有框框的概念，可以不拘一格随心所欲地将一件东西作为陈设品来摆放陈列。但是从严格意义上讲，精致的陈设品选择和别有匠心的陈设布置，是室内环境设计成功的关键一环，是体现室内品位和格调的根本所在，因而室内设计中陈设品的配置是不容忽视的步骤和手段。

1. 室内装饰织物

当代室内设计中，织物已渗透到室内的各个方面，由于它在室内空间中覆盖的面积较大，其花纹、质地、色彩都影响着整个环境的气氛。因而恰当的织物配置，是非常关键的环节。因为织物具有质地柔软、色泽美观、触感舒适的特殊性质，尤其是与建筑墙体的坚硬与挺直特性互补，因而可以起到柔化、点缀空间的作用。公共场合，织物以点缀形式出现，而私密空间里，织物则成为情调的高手，控制着整个环境的气氛（图3—22）。

**图3—22　织物形成的亲切、温暖与优雅感，使人如沐春风般舒畅**

（1）地毯：给室内空间提供了一个吸声良好富有弹性的地面，它可以满铺也可以局部铺设，甚至还可以铺毯上毯，以强调局部气氛，形成局部空间的重点部位。一般旅馆、饭店的庄重场合，如会议厅、多功能厅，甚至宴会厅不太适宜花哨的花色，而要采用图案简洁、方正，色彩适中的地毯；在餐厅、咖啡厅、娱乐场所则可以用设计大胆，色彩艳丽的大花地毯，以增加商业气氛。大厅堂内适合用宽边式构图，以增强地域感。小空间，像卧室，标准客房等则可用素色四方连续、暗花纹等地毯，使空间整洁、安静，在门厅、走廊部分则常采用带边的简洁几何图案或小图案的色彩较暖的地毯。常用地毯有纯毛、化纤和混纺地毯之分，还按制作工艺不同分为机织与手工，按表面纤维形状不同分为圈绒、簇绒和圈簇绒混织毯和提花毯等。

（2）窗帘：用来调节室内光线、温度、声音和阻隔视线，同时具有装饰点缀作用。一般分为纱帘、遮光帘（常与内帘结合）和内帘，另外还有起装饰作用的幔帘。按窗帘的悬挂方式不同，有以下几种区分：挂钩式、护幔式、卷帘式、直拉式、吊拉式（又称罗马帘）、百叶式和抽褶式等。

（3）床上用品软体家具及桌布、餐巾：被统称为覆盖织物。主要为覆盖在家具上，有一定实用性又衬托家具增添美的效果。一般这类织物的花色宜统一，切忌纷乱无章，但却可以加局部的亮色作为点缀以活跃气氛。由于工业化和产业化进程的加快，批量生产的产品已大量走向市场，成套的床上用品、窗帘、餐桌布、餐巾、靠垫已到处可见，为室内织物的配套使用提供了极大的方便。

（4）壁挂织物：作为纯装饰性质的无实用价值织物，却是调节室内艺术气氛，提高整个环境品位和格调的首选，可见此种织物艺术价值之高。因其采用的材料多为软质的纯毛，纯丝纯麻等天然材料（也有化纤，但其品质档次都有所下降），在与人接触的部位，有柔软与舒适的质感。由于它更具有艺术性，因而其编织手法与使用材料都会有一些独到性，比如在毛织物中加入木材、金属，成为一种混合材料的艺术作品；并且还可以由平面艺术转向平面与立体结合，这些都是壁毯作品创作的灵活性和艺术性所在。包括壁布、天花织物、织物屏风、织物灯罩、布玩具、毛绒玩具、布信袋、编结织物、编结挂件、手工自行制作的纸巾盒套、座套、水瓶套等，都可改善室内环境、增添情趣，使居住者与环境相互交融“增进感情”（因为许多自行制作的东西能更好地体现居住者的审美意趣和个人爱好），又能给外人以一种亲切、温馨、富于人情味的直接感受。这类织物一般在家庭使用较多也较普遍。

另外，室内织物的组合，应该体现一个统一整体的设计思想，不能想一个就换一个，不仅浪费钱财，又把不合适的东西加进环境，破坏整体效果，等于浪费物品。因而统一整体设计不仅能使室内风格统一、格调高雅，又是节省财力物力的最佳手段。

2. 日用品

既是日常生活必备的工具，又兼作陈设，是每天生活所离不开的。如家电产品：电视、音箱、影碟机、组合音响、冰箱、洗衣机、厨房设备都是某些空间的固定陈设。而日用的陶瓷、钟表、灯具等更是带有实用功能又极有装饰性的陈设，其质地、花色、造型和做工，都体现着它的文化品位和格调。

3. 字画及玩具

我国传统的书法艺术和绘画作品，是国内室内陈设中的首席艺术品，也有人喜爱油画、水彩，甚至装饰画，还有漆画、贝壳画、羽毛画、麦秸画等工艺品画种。其中我国传统字画凭上千年的历史，自成一统，并有其独特的室内装饰陈列章法。除此之外，还有民间绘画等许多来自民间的艺术作品，其内容丰富，手法朴实，如民画、年画；有的手法古拙，像版画、木刻；有的手法细腻，如剪纸、撕纸等，有强烈的感染力和表现力，是现代室内别具一格的艺术陈设品。民间玩具，同民间绘画一样，有着无穷的魅力和不尽的意趣，是代表中国民间的真正的生活艺术。如泥娃娃、布玩具、风筝、皮影等（图 3—23）。

**图 3—23　在唐三彩、非洲木雕以及各种家具和绘画装点下的空间**

4. 工艺品

包括古代工艺品和现代工

艺品。现代工艺品如各种漆器、陶器、布艺、现代玩具、塑料品、木制品、金属制品等，以简练抽象的造型、恰到好处的点缀，与现代环境相呼应相匹配，是现代室内必不可少的装饰用品（图3—24）。

古代工艺品又称古玩，是古代遗留下来的富于收藏、观赏价值的珍贵文物，曰“玩”，是因为其兼有品玩、欣赏与升值的作用。常见的有陶器、瓷器、青铜器、漆器、木器、珠宝、首饰、书画、善本图书、石玩、绣片等，包罗万象，凡是古代遗留下来的，稀有罕见有收藏意义的都被人们用来把玩收藏，甚至配上绝好的装饰及保护罩、盖等，作为陈设品，供之于案头、架几之上，既可时时品玩，又可以提高环境的文化和审美品位（图3—25）。

**图3—24　灯具、陶器都是室内不可缺少的陈设**

**图3—25　远古的陶器是陈设品中最引人注目的亮点**

# 第五节　家具与环境

## 一　家具的分类

家具是人们日常生活、工作不可缺少的用具，它起到支撑人体，贮存物品、辅助工作和分隔空间等作用。它不仅是一种实用的功能产品，同时还具有一定的审美价值，不同民族、国家、地区，不同时代，家具的形态有所变化，并随着生产力水平的提高和人们审美素质的提高而不断变化。

家具在环境中，尤其是室内环境中，是体现具体功能的主体，没有家具的环境不会是一个完整的环境，而家具质量差的环境，其整体效果一定也很糟。可以说，室内环境中的界面实际是环境的背景，而家具则是环境中的主角，它的进入与陈列，才构成室内环境的主调，再配以其他陈设才完成整个环境的艺术效果。家具在室内的配置，与室内环境的整体风格应该是一致的，协调的，至少也应该统一在一个主题之下。因而针对不同环境，不同使用者，不同经济条件，不同审美水平，其家具的配置与摆放也是不同的，在具体情况下应予以具体的分析。家具因不同材料、功能、结构、使用场合以及组织形式等的不同，有不同的分类。

1. 按功能分

依照家具的功能不同，可以作如下分类：

（1）支撑类：床、椅、沙发、桌（图 3—26）；

**图 3—26 床、桌、椅等支撑类的家具对空间的延续开发**

（2）储藏类：衣柜、书柜、组合柜、电视柜、抽屉柜等（图3—27）；

（3）辅助工作类：工作台、工作椅、工作架、橱柜；

（4）分隔空间类：屏风、架格；

（5）其他：茶几、花架、镜框、壁炉竖屏、角几、角架等；

（6）多功能家具：沙发床、组合柜、多功能组合架等（图3—28）。

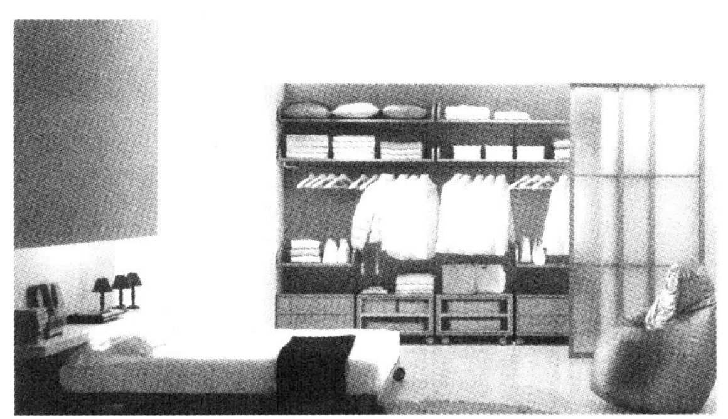

**图 3—27　板式家具组合的卧室**

**图 3—28　简洁利落又不乏浪漫气质的现代家具**

此种分类中，有些项目是交叉的，即有些家具是身兼几种功能的。

2. 按材料分

按家具制作材料的不同可分为实木家具、人造板家具、金属家具、钢木家具、塑料家具、藤竹家具、玻璃家具、大漆家具、橡胶空气家具等。

3. 按结构分

家具依其结构特征可分为框架式、通体式、板件拆装式、弯曲木式、胶合弯曲式、折叠家具等。

4. 按使用场合分

不同的场合，对家具有不同要求，因此家具制作为适应场合也出现不同的类型。

（1）住宅用家具：客厅家具、卧室家具、厨房家具、儿童家具、餐厅家具、书房用家具；

（2）宾馆酒店家具：客房家具、大堂用家具、餐厅及酒吧用家具、舞厅家具；

（3）幼儿园、学校用家具：课桌椅、办公桌椅、收纳柜、衣架、玩具教具柜等；

（4）办公家具：办公桌椅、会议桌椅、文件柜、茶具柜、沙发、茶几、屏风、电脑家具、迎宾台等；

（5）医疗用家具：医疗床、药架、药柜、收纳柜、医疗用椅、等候椅等；

（6）车站、机场用家具：休息椅、休息沙发、电视柜、监视器柜等；

（7）交通工具内用家具：汽车椅，火车坐、床、桌，飞机用椅，轮船内各种家具等；

（8）商店用家具：货架、货柜、展台、展卖台等；

（9）会堂、影剧院用家具：排椅、可视电话台等；

（10）展示用家具：展台、展柜、接待台、展架、灯箱等。

## 二　家具设计生产的原则

今天的家具设计，是建立在工业化、产业化基础之上，综合材料、美学、经济及历史文化等诸方面因素的产物。其合理的科学程序、正确的思维方式、巧妙的结构方式和恰到好处的加工方法，是家具设计成功畅销的根本，家具的设计原则是实用、经济、美观。

## 三　家具的造型设计

1. 家具的尺度

家具尺度是以人体工效学的基本原理为依据，结合不同地区，不同民族的平均身高、生活习惯等条件，并根据科学的测试手段，进行分析整理而得出的科学数值，作为各地区、国家家具设计生产的标准，称为家具标准。家具的功能尺度应以家具标准为依据。另外，家具的尺度，还应与空间的尺度相呼应，在满足功能尺度的前提下，大空间家具的外形尺寸应适当加大，小空间则缩小，从而使家具与空间的比例关系协调一致，不致产生因比例过分悬殊而造成的比例失调的感觉。

2. 家具设计中的美学

家具设计中的美学同环境设计中的其他规律是相通的，其中黄金分割比 1∶1.618 及与其相近的比值，如 1∶1.5、1∶1.6、1∶1.7 等均在美好的范畴之内；而等比积数比、等差积数比、等比例方式也都是常用比值。在设计中功能尺度确定之后，往往辅以美学比例，进行适当的调整、推敲，尤其是细部比例、尺度的关系，包括整体形状的比例关系调整在内。一般经验值，即国家标准中的尺度，也是在美学法则的规律之内进行综合才得以确定的。

在设计中，比例与尺度、对称与均衡、体量与轻巧、装饰与点缀、节奏与韵律、材质与肌理、错觉与错视等是家具造型设计里不可缺少的形式美创造依据。

# 第六节　环境艺术设计的程序

环境艺术设计是一项非常复杂和系统的工作。在设计中除了涉及业主、设计人员、施工方等方方面面，还涉及各种专业的协调配合，如建筑、结构、电气、上下水、空调、园艺等各种专业。同时，还要与政府各职能部门沟通，得到有关的批准和审查，才能具体落实。为了使环境艺术设计的工作顺利进行，少走弯路，少出差错，在众多的矛盾中，先考虑什么，后解决什么，必须要有一个很好的程序，只有这样，才能提高设计的工作效率，从而带来更大的经济效益和社会效益。

环境艺术工程一般要经过设计和施工两个步骤，设计并不是一个简单的图板上的工作，它是一个非常具体的、细致的工作。可以分为以下几个阶段：

1. 环境艺术设计的意向调查阶段

环境艺术设计的意向调查，是指在设计之前对业主的设计要求进行翔实、确切的了解。其主要内容有：环境艺术设计的级别、使用对象、建设投资、建造规模、建造环境、近远期设想、环境艺术设计风格要求、设计周期、防火等级要求和其他特殊要求等。在调查过程中要做详细的笔录，逐条地记录下来，以便通信联系、商讨方案和讨论设计时查找。调查的方式可以多种多样，可以采取与甲方共同召开联席会的形式，把对方的要求记录在图纸上。类似的调查会有可能要进行多次，而且每次都必须把要更改的要求记录在图纸上，回来后整理成正式文件交给对方备案。这些调查的结果可以同业主提出的设计要求和文件（任务书、合同书）一同作为设计的依据。

2. 环境艺术设计的现场调查阶段

所谓现场调查，就是到建设工地现场了解外部条件和客观情况：自然条件，包括地形、地貌、气候、地质、建筑周围的自然环境和已形成的存在环境；了解建筑的性质、功能、造型特点和风格。对于有特殊使用要求的空间，必要时还要进行使用要求的具体调查。同时，我们还要研究城市历史文化的沿革，人文环境的形成发展，以及其能对设计产生影响的社会因素。当然，还应该考虑到适合当地的技术条件、建筑材料、施工技术，以及其他可能影响工程的客观因素。

3. 环境艺术的方案设计阶段

经过前两个阶段的资料收集和整理，然后进行综合分析，在分析的基础上，开始方案设计的构思。构思是环境艺术设计的基础。室内环境要考虑到整个建筑的功能布局，整个空间和各部分空间的格调、环境气氛和特色。设计师要熟悉建筑和建筑设备等各专业图纸，可以提出对建筑设计局部修改的要求。在室外环境设计中，首先对它的功能布局和形式要有大体上的安排，同时要照顾到它与周围环境、城市规划之间的关系；景观与周围建筑的位置大小、高度、色彩、尺度的关系，以及它与城市的交通系统、城市的整体设计的关系。

在进行方案构思的阶段，设计师们一般提出几种想法，进行多种的设计尝试，探讨各种可能性。然后把几种设想，全面地进行比较，明确方案的基本构思，选出比较满意的方案。在此方案基础上，进一步进行推敲、完善，完成方案效果的表现。

4. 环境艺术的初步设计阶段

在设计方案得到甲方的认可后，就该开始初步设计了，这是环境艺术设计过程中较为关键性的阶段，也是整个设计构思趋于成熟的阶段。在这个阶段我们可以通过初步设计图纸的绘制，弥补、解决方案设计中遗漏的、没有考虑周全的问题，提出一套较完整的，能合理解决功能布局、空间和交通联系、艺术形象等方面问题的设计。同时我们还要做初步设计概算的编制工作。

5. 环境艺术的技术设计阶段

这是初步设计具体化的阶段，也是各种技术问题的定案阶段，初步设计完成后，把初步设计的图纸交给电气、空调、消防等各个专业，各个专业根据自己的技术要求，肯定会对初步设计提出自己的修改意见，这些意见反馈到设计师这里，设计师必须根据这些建议修改自己的初步设计。通过与各个专业的多次协调，设计师应能很好地处理掉这些技术与艺术之间的矛盾，当然会有些牺牲或让步，但最终能在艺术与技术之间达到一种平衡，寻求技术与艺术完美结合。在本阶段，设计师应该明确各主要部位的尺寸关系，确定材料的搭配。

6. 环境艺术施工图和详图设计阶段

施工图和详图主要是通过图纸把各部分的具体做法，确切尺寸关系，建筑构造做法和尺寸全部表达出来。还有材料选定，灯具、家具、陈设品的设计或选型，色彩和图案的确定，以及绿化的品种、环境设施的设计或挑选。施工图和详图要求准确无误、清楚周到、表述翔实。这样，工人就可以根据图纸施工了。施工图和详图工作是整个设计工作的深化和具体化，也可以称为细部设计，它主要解决构造方式和具体做法的设计，解决艺术上的整体与细部、风格、比例和尺度的相互关系。细部设计的水平在很大程度上影响整个环境设计的艺术水平，施工图完成后，还要制作材料样板，连同图纸一并交给甲方。

7. 环境艺术的施工监理阶段

业主拿到施工图纸后，一般要进行施工招标，确定施工单位。确定后，设计人员要向施工单位施工交底，解答施工技术人员的疑难问题。在施工过程中，设计师要同甲方一起订货选样，挑选材料，选定厂家，完善设计图纸中未交代的部分，处理好与各专业图纸发生的矛盾。设计图纸中肯定会存在与实际施工情况或多或少不相符的地方，而且施工中还可能遇到我们在设计中没有预料到的问题，我们设计师必须要根据实际情况对原设计做必要的、局部的修改或补充。同时，设计师要定期到施工现场检查施工质量，以保证施工的质量和最后的整体效果，直至工程验收，交付甲方使用。

环境艺术设计是一项非常具体的、艰苦的工作，只有一定的艺术修养是不够的，设计师们还必须掌握技术学、社会学等方面的知识，而且还要不断加深自身在哲学、科学、文化、艺术上的修养。一个好的设计师不但要有良好的教育和修养，他还应该是一位出色的外交活动家，能够协调好在设计中接触到的方方面面的关系，使自己的设计理念能够得到贯彻、实现。从环境艺术设计的构思直到工程的结束，环境艺术设计已不再是一种简单的艺术创作和技术建造的活动，它已经成为一种社会活动，一种公众参与的社会活动。

# 第4章

# 环境艺术设计的理论与设计原则

环境艺术设计是一门实用艺术，它不同于绘画、雕塑这些纯欣赏意义的艺术。环境艺术是人创造的、为人类生活的艺术，它始终和使用联系在一起，具有实际的使用功能，同人们的生活紧紧地联结在一起，并与工程技术密切相关，是集功能、艺术与技术于一体的实用艺术形态。环境艺术设计是艺术、科学与生活的适性整合，是功能、形式与技术的总体性协调，通过艺术设计的方式和手段，创造合乎人性的空间生活环境。

## 第一节　环境艺术设计的理论基础

回顾人类文明的发展史，可以清楚地看到在不同的发展时期人与环境的关系处于不同的层面上，在前工业社会，由于受到自然条件与技术能力的制约，人们被动地、潜意识地改造自身生存的环境；工业社会，科学技术的进步给人类的发展带来了前所有未有的物质财富，技术力量的提高、生产力的进步增强了人们改变自身的生存环境的信心，在社会进步的同时，也带来了负面效应，自然资源迅速消耗，环境日益破坏，人类生存的基础受到了威胁。技术的进步促进了人类社会的发展，但同时也带来了未预料到的问题：人口恶性膨胀，环境污染，生态危机，人性的淡漠等一系列社会问题。到了后工业社会，这些日益严重的问题迫使人们反思人类的发展历史，重新认识人与环境的关系，“可持续发展”理论被人们普遍认同，人与环境开始逐步向良性互动的方向发展，“把自然还给人，把人还给自己”，这成为人们的理想和目标。

在中国，亦开始走上了“现代化”的发展道路。前车之鉴，我们能否避免西方国家那样因工业发展给生存环境带来的不良影响？我们不应再盲目地追从西方，而应正确对待发展与环境的关系，悉心地爱护民族的文化传统和艺术精神，走我们自己的发展之路，用艺术设计的方式，创造新的生存环境，这就是现代环境艺术设计的指导思想。这一指导思想来自于艺术设计与其他学科的联系，环境艺术设计实际上是多种学科的综合，它包括技术生态学、建筑人类学、环境行为学、心理学、美学、人体工程学等方面。

## 一　技术生态学的意义

技术生态学包括两个方面的内容：一是环境生态，二是科学技术。技术生态学要求在发展科学技术的同时密切关注生态问题，形成以生态为基础的科学技术观。

科学技术的进步直接促进了社会生产力的提高，推动了人类社会文明的进步，而且给我们的生存环境带来了前所未有的、天翻地覆的变化。就环境艺术而言，新的科学技术带动了建筑材料、建筑技术等日新月异的发展，并为环境艺术形象的创造提供了多种可能性。辩证地讲，任何事物的发展都具有两重性，技术的进步也同样如此，科技发展的效果也是正负参半。科技的进步解决了人类社会发展的主要问题，但在解决问题的同时也带来了另一种问题，这就是生态的破坏。生态问题成为人类生存的新的困境之一。

从历史的角度而言，人类的困境同人类一样古老，旧的难题的解答也就意味新的难题的诞生。人一直在为自身生态环境的改善而努力。在人类社会的发展的早期阶段，人们只能消极地适应自然环境，影响自然界的能力非常有限，甚至可以说是微乎其微；随着科学技术的进步，社会生产力的提高，人们认识自然、改造自然的能力空前增长，但由于掠夺性地盲目开发自然资源，导致自然环境遭到了破坏，自然环境自我调节的能力下降，自然界开始以它自己的方式不断地“报复”我们，正像恩格斯指出的那样：“我们不要过分陶醉于我们对自然界的胜利。对于第一次这样的胜利，自然界都报复了我们。每一次胜利，在第一步都确实取得了我们预期的效果，但是在第二步和第三步却有了完全不同的、出乎预料的影响，常常把第一个结果又取消了。”① 在城市建设与环境艺术的建设上也同样如此。多少年来，我们为建设成就、建筑业的发展而自豪，但建设性

① 转引自吴良镛：《广义建筑学》，83页，北京，清华大学出版社，1989。

的破坏随之而来。技术生态学要求尽量减少这种破坏，保持与自然的平衡。

从历史发展来看，有些学者对此早有预见，如海克尔（Haeckel）、盖底斯（Geddes）、芒福德（Mumford），都较早地以冷静的态度对待技术的发展，但是他们的理论未能引起人们的普遍重视。这种情况一直到世界范围的重大公害事件相继出现时，人们对环境危机才开始有所认识，并努力寻求对策。在学术界，生态主义、环境保护主义、罗马俱乐部"增长的极限"（limit of growth）学说等层出不穷。这一浪潮自然也影响到了城市规划、建筑学的发展，导致了城市生态学、住宅生态学、风景生态学的兴起。在建筑生态学方面，如麦克哈格（McHarg）提出"结合自然的设计论"（design with nature），谴责那种以开发征服的手段来满足物质的需求与欲望、对自然强取豪夺、百般摧残的野蛮行为，希望人类不要忘记自己也是自然的一分子，是新陈代谢的成员，他强调人与环境协调的重要性。当然，由于各地社会经济条件和科学技术水平的不同，生态系统（anthropogenic ecosystem）和人类生产活动为核心的人工生态系统的态势也不相同。因此，各个地区实现现代化过程中需要根据生态系统的具体情况采取不同的措施，最大限度地发挥生态系统的效能，又要避免对自然环境的破坏；而这些措施既要考虑自然条件，又要考虑社会条件，应当把生态系统调整的效率作为衡量现代化程度的标志之一。

总之，我们要综合地、全面地看待技术在营造中的作用，既不能轻视技术，也不能走“技术万能”、“技术至上”的极端。我们要正确处理技术与人文、技术与经济、技术与社会、技术与环境等各种矛盾关系，因地制宜地确立技术和生态在环境艺术设计中的地位，并适当地调整它们之间的关系，探索其发展趋势，积极、有效地推进技术的发展，以求得最大的经济效益、社会效益和环境效益。

## 二 建筑人类学

诞生于 19 世纪的文化人类学，以其对人类传统的观念、习俗（包括思维方式）及其文化产品的精致研究，而在世界文化史上产生了深远的影响，并且被应用于建筑学领域。文化人类学认为，文化传统的发展趋势，是个性特征的集合。而群体（或集体）的特征，就是对共同事物的理解方式和共同具有的价值观念及类似的情绪反应。当代建筑思潮中的“寻根”意识，即对集体无意识中某一传统建筑文化模式的认同。

传统问题在当代设计领域受到重视的一个直接缘由，是现代主义所造成的负面影响——城市与建筑环境美学上的变质。具体讲就是感性知觉及其与人的精神保持同一性的性格特征，以及建筑与自然和人文环境同样的象征作用，大都被工业理性主义和商业功利主义所掩盖或丢失了。从城市生态学的角度来看，这已不仅仅是一个是否继承传统的问题，而是与人类生存环境的发展息息相关。人文环境作为一种社会生态系统，必然要在发展进化中继承历史，延续传统。

建筑人类学的首要目标是为建筑历史与理论研究提供了一种方法论补充，从文化生态进化的高度，重新认识传统建筑的内在价值与意义所在。其次，它也可以为建筑创作理论提供一种方法论基础。建筑人类学既反对为新而新，也不主张怀古恋旧，而是开辟了一条在特定自然与人文环境中体察人的观念和行为与建筑的关系，从而形成设计前提的途径；并且在传统的延续中进化，使集体无意识进入到创造层次。因而，建筑人类学并不停留在对传统建筑的理解和注释上，而是同时有助于建筑创作中悟性的提高及建筑潜能的发挥，使建筑给人以精神感受和审美愉悦。这对于环境艺术设计同样重要，室内设计不是为了承继传统而承继传统，其目的是为了人的居住，承继传统是因为传统中具有值得发扬的文化精神和品格。

不同的人类社会组织，都以各自独特的方式建立和发展起自己的聚落和城市建筑文化模式。这些模式一方面反映了生态系统、技术水准、生产和产业方式，以及特定观念形态的潜在作用；另一方面亦反映了普遍的继承及其与特定形式的关联。因此，建筑人类学首先要考察各种异质环境的本质，即深层地把握场所精神以及影响设计形式的潜在动力，以具体的环境材料来论证对城市空间的体验与反应方式，并通过社会交流系统来发现建筑的各种潜在意义，也就是说，它致力于探讨建筑的本质，以及如何以社会交流系统中人的习俗和行为为中介，使外在的意义空间——场所精神转化为建筑的意义空间。

注重第一手实际材料的调查，是文化人类学最基本的研究方法，建筑人类学、环境艺术设计亦然，它们是非思辨的，直接与具体的环境对话。通过考察与体验取得城市与建筑的环境材料，其中包括空间物质结构方面的内容和观念、习俗等非物质结构方面的内容，其考察要点可以简洁地概括为以下四个方面：（1）城市聚居的物质结构；（2）城市建筑的拓扑学特征；（3）城市模式的历史进化；（4）建筑空间与社会行为的相互关系。

建筑人类学认为，要使外在的意义空间——场所精神，转化为有意义的建筑空间，就要把建筑看做社会交往中人的各种行为的组织形态。它是通过体现观念、习俗的社会行为及其组织形态，而转化为建筑空间的意义。

建筑人类学可以帮助我们理解以往建筑空间的意义，又可以帮助我们创造新的有意义的建筑空间和生活空间，创造一个美的宜人的生活环境。

## 三　环境行为学

环境行为学的研究始于 20 世纪 50 年代，它研究建筑环境是如何作用于人的行为、性格、感觉、情绪等内容，以及人如何获得空间知觉、领域感等。在环境行为学的研究中，美国学者霍尔（E. T. Hall）提出了邻近学（Proxinuics）理论，指出了不同文化背景下的人，是生活在不同的感觉世界中，他们对同一个空间，会形成不同的感觉；而且他们的空间使用方式、领域感、个人空间、秘密感等也各不相同。这就从行为角度否定了国际式风格的千篇一律的处理方法。霍尔把邻近学定义为："邻近学是研究人如何无意识地构筑微观空间——在处理日常事务时的人际距离，对住宅及其他建筑空间的组织经营，乃至对城市的设计"①。邻近学的主要研究方向是：个人空间和身体的缓冲带，面对面交往时的空间姿态，室内外环境的空间布置，不同文化条件下对空间的知觉类型，以及固定形体和半固定形体的空间特性等。

随着现代主义建筑在使用中问题的不断暴露，环境空间的安全性问题、可识别问题的研究也日益迫切，这些也都给环境

① 转引自张绮曼、郑曙阳：《室内设计经典集》，18 页，北京，中国建筑工业出版社，1994。

行为学提供了新课题。环境行为的研究，又促成了如何创造新型的空间，这直接影响到“景观办公室”和“中庭空间”的出现。人的行为已经越来越成为设计的焦点。

## 四　心理学

如果说西格蒙德·弗洛伊德对于本能需要和本能的极度重视来源于达尔文的思想，是基于他认为“人即无异于动物，也不高于动物”的观点。那么，亚伯拉罕·马斯洛则从相反的方面高举起了人本主义的旗帜。从人本主义的立场出发，马斯洛提出了著名的“需求理论”。他认为人的需求从低级发展到高级分为五个层次，呈阶梯形：生理需要，安全需要，归属和爱的需要，尊重的需要，自我实现的需要。

1. 生理需要

生理需要是人的需要中最基本、最强烈、最明显、最原始的一种，是对于生存的需求。所谓“饮食男女”，“民以食为天”，人需要食物、空气、水、住所，这是人类赖以生存的基本生理需要。如果一个人极度饥饿，那么，除了食物外，他对其他东西会毫无兴趣，他梦见的是食物，记忆的是食物，想到的是食物。他只对食物发生感情，只感觉到食物，而且也只需要食物。生理需要是人类最基本的需要，它是推动人们行动的最强大的而且是永恒的动力。在这种心理要求下，人们一般都比较喜欢秩序和稳定。

2. 安全需要

生理需要得到充分满足之后，就需要得到安全方面的满足。安全的需要，也就是人们在心理上对稳定和秩序的需要。它包括生理安全、心理安全等。

3. 归属和爱的需要

又称作社会需要。对生理和安全的需要得到满足时，对爱和归属的需要就随之出现了。人是一种具有社会属性的动物，渴望与别人交往，得到别人的支持、理解、关心和照顾。马克思认为人是类的人，是社会的产物，每个人都有一种归属于团体或群体的情感，希望成为其中的一员并得到关心和照顾，因此需要社会交往。费希特曾经说过："只有在人群中，人才成为一个人。如果人要存在，必须是几个人。"①

4. 尊重的需要

马斯洛认为，尊重的需要可以分为两类——自尊和来自他人的尊重。自尊包括对获得信心、能力、本领、成就、独立和自由等的愿望。来自他人的尊重包括这样一些概念：威望、承

① 转引自［德］夏埃尔·兰德曼：《哲学人类学》，220页，上海，上海译文出版社，1988。

认、接受、关心、地位、名誉和赏识。

5. 自我实现的需要

当一个人对爱和尊重的需要得到合理的满足之后，就会产生自我实现的需要，这在马斯洛的需要层次说中是最高层次的需要。马斯洛把人类的成长、发展、利用潜力的心理需要称之为自我实现的需要，他认为这种需要是“一种想要变得越来越像人的本来样子，实现人的全部潜力的欲望”。

马斯洛说：“一个需要一旦得到满足，它就不再成为需要，便会产生出更高一个层次的全新的需求。”① 因此，当人们对物质的需求得到满足时，精神的需求便成为下一个动机。对人文现象的关注，对人文因素的关注，已成为现时代的一个主要特征。

环境艺术设计的实用功能和精神功能可以说在不同层面上具有满足人以上五方面需要的特征，实用功能满足了人的生理和安全的需要，美的形式又集中体现了人的另三种需要。

## 五　环境美学

环境美学把环境科学与美结合起来，是综合生态学、心理

① 转引自［美］弗兰克·戈布尔：《第三次浪潮：马斯洛心理学》，吕明、陈红雯译，45 页，上海，上海译文出版社，1987。

学、社会学、建筑学等学科知识而形成的边缘学科。环境美学是随着人类对美的追求，随着人类环境的生态危机出现后人类对自己的生存环境的哲学思考而产生的。

后工业社会和信息社会以来，人们所面临的挑战，已经不再是为了基本的生存权与自然所进行的一场搏斗，而是人类为了自身更好地生存与延续并反思人为的生产过程和产品。因为正是人类创造物质成果的过程中所带来的资源匮乏、生态恶化、生存环境的异化以及人类自身的被压迫，构成了对人类的最大威胁，这种挑战在设计界也同样存在，设计既给人创造了新的环境，又破坏了既有的环境，设计既带来了精神的愉悦，又经常是过分的奢侈品；设计既有经常性的创新与突破，但这种革命又破坏了人们所熟悉的环境和文化传统，而强加给人们所不熟悉的东西。

科技的进步推动人类社会的发展，但同时也带来了人类文明的异化。生态环境已被破坏到无以复加的地步，远远地超出了它的自我调节能力。人们生活在钢筋水泥的丛林里，丧失了自然的天性，然而，人们对环境的生物性适应能力是有限度的，而且是改变不了的。越是高度的文明，越是充满了各种矛盾和冲突，人们的需求也越复杂，对自身的生存环境也越来越重视。人们再也不能继续忍受那种干枯荒芜的生存空间，对自身的生存空间有了更广泛的需求；于是人们回归自然的愿望日益强烈，现代人的怀旧情绪日益增长，使人们对自己生存的环境进行美化、再创造成为必然。并认识到既然环境是因人类的经济行为和建设活动而破坏，也必然要通过人类经济行为和建设活动来改善环境，美化环境。环境美学的意义在于它揭示了人类的理想与愿望，这些理想和愿望作为人类生活的目标激励人们不断地努力和追求。

## 六　人体工程学

环境艺术设计不仅是艺术上的创作，它更是科学技术上的创造。因此，环境艺术设计是艺术与科学技术结合的产物。随着设计中科学思想的渗入，科学含量的加大，环境艺术设计的方法也逐渐从经验的、感性的阶段上升到系统的、理性的阶段。环境艺术设计学科的发展，一方面是建筑技术，包括声、光、热学，建筑材料的研究；另一方面则是：“人与设施与环境”关系的研究，即所谓的“人体工程学”（Ergonomics）。

人体工程学的名称很多，包括人类工程学（Human Engineering）、人因工程学（Human factors Engineering）、人—机系统（Man-Machine System）等。从内容上可以分为两大类：设备人体工程学（Equipent ergonomics）和功能人体工程学（Functionsl ergonomics）。

设备人体工程学是从解剖学和生理学角度，对不同的民族、年龄、性别的人的身体各部位进行静态的（身高、坐高、手长等）和动态的（四肢活动范围等）测量，得到基本的参数，作为设计中最根本的尺度依据；功能人体工程学则通过研究人的知觉、智能、适应性等心理因素，研究人对环境刺激的承受力和反应能力，为舒适、美观、实用的生活环境创造提供科学依据。

人体工程学的宗旨是研究人与人造产品之间协调关系，通过人—机关系的各种因素的分析和研究，寻找最佳的人—机协调数据，为设计提供依据。设计是为人类追求生理和心理需求满足的活动，应该说有两个学科是直接为设计提出人—物关系可靠依据的，即人体工程学和心理学，特别是消费心理学。

人体工程学的核心是解决人、机之间关系的问题，其中包括：（1）人造的产品、设备、设施、环境的设计与创造；（2）对于人类工作和活动过程的设计；（3）对于服务的设计；（4）对于人类所使用产品和服务的评估。

人体工程学的目的有以下两个方面：（1）提高人类工作和活动的效率；（2）保证和提高人类追求的某些价值，比如卫生、安全、满足等。人体工程学的接触方式和工作方法是把人类能力、特征、行为、动机的系统方法引入到设计过程中去。

## 七　新的时空观的影响

20 世纪，人类对世界认识的最大飞跃莫过于新时空概念的提出。在以往的概念中，时间和空间是分隔的，空间在一个平直的几何体系中可以用笛卡儿的三维坐标来表达，而时间作为一个独立的一维连续体，与空间无关，并且在空间的无限连续中始终是均匀的。但爱因斯坦的相对论指出，空间和时间是结合在一起的，一个坐标系的时间依赖于另一个相对移动的坐标系的时间和空间坐标，这样“四维空间”的概念得以建立。

无论艺术家们是否真正理解了爱因斯坦的时空观，但新的时空观确实影响了新艺术形式的产生。

立体主义是最早地把时空概念转化为视觉形象的艺术派别。它利用相对性原理和同时性原理，把不同时刻观察到的对象同时地表现出来。雕塑家也采用了类似的手法，从伯西奥尼（U. Boccioni）的“瓶子在空间中的生长”到考尔德的“动态雕塑”，都把时间的概念表现出来。在文学和电影中也有类似的反映。爱森斯坦（Sergey Eisenstein）的蒙太奇理论打破了静止的反映剧情的方法，利用剪接手段把剧情、画面按不同的时间顺序任意组合，产生更大的心理效应。

科学和艺术上的新时空观反映在建筑上，则是“有机空间”

观。有机空间也就是人们所常说的“四维空间”。根据布鲁诺·塞维（Bruno Zevi）《现代建筑语言》的论述，“有机空间”的设计方法可以总结为：

（1）非对称性和不协调性。根据功能需要和视觉效果，而不是几何构图，把空间从僵死的直角、对称中解放出来。

（2）反古典的三维透视法。过去设计师们僵化地使用透视，使自己脱离了实际的空间感受，而只会用直尺在三维图面上作设计，使得透视成为禁锢想象力和直觉的工具；“有机空间”的设计方法要求设计师们抛弃透视法，另辟新路。

（3）四维分解法。即把封闭室内空间的六个面打开，使其自由地存在，向四周自由地发展，既突破了面与面之间一定要闭合的束缚，又突破了室内空间与室外空间的不连续。这种分解法，使空间不再有限，而构成流水般的动感，随着时间因素的加入，动态空间取代了古典的静态空间。

（4）利用新的结构形态，使空间的塑造更加自由。

（5）时空连续。

（6）建筑、城市和自然景观的结合。

这些“有机空间”的设计原则和“功能原则”一起，构成了现代设计最基本的语言。在大师们的作品中，能欣赏到这些原则淋漓尽致的发挥：赖特在古根海姆博物馆的室内设计中，把坡道作为主要的行进道路和参观路线，达到了时空连续；密斯的范斯沃斯住宅，大面积玻璃的运用，打破了室内外空间的界限，把自然景观引入到室内中来；柯布西埃的朗香教堂，变幻莫测的室内光影，以及有机形体与环境的完美结合，把时间和空间融合在一起；奥托的维内克斯教堂内部自由奔放的曲线为现代主义空间的人性化做出了贡献……

## 八　信息化、智能化时代的设计

世纪交替之际，媒体革命已成为一个实际的、令人无法回避的现实。信息网络遍布全球，而且它正在改变着人们的工作和生活方式。速度缩小了空间，人们征服了时间和距离，远程通讯和信息网络拉近了人与人之间的距离。工作、生活方式的转变已经逐渐带动我们的工作和生活环境的改变。工作程序和组织结构已变得越来越虚拟化，而不再受到具体的建筑环境的影响，传统办公空间变成了“办公室游牧族”暂时停留的地方，家庭办公也已进入到人们的生活中，这可以尽可能地减少人力、时间、资源的消耗，实现对环境效率和有利工作生态关系互动上的适应和创新。数码缩小了空间，无论是工作空间，还是居住空间。

信息化、智能化不仅改变了人们的生存空间，而且也影响到了我们对生存空间的创造。它主要体现在两个方面：一是计算机、多媒体全方位的运用，二是智能化建筑的诞生。

1. 计算机、多媒体全方位的应用

环境艺术设计中，计算机、多媒体的介入，把设计师们从笔、墨、纸、图板和丁字尺中解放出来。一方面，它提高了工作效率；另一方面，它可以使设计师有时间进行创造性的思考。设计师将计算机作为丰富想象力和创造力的有力手段，他们可以在计算机上随心所欲进行各种试验，以获得理想的或预期的效果。电脑作为一种设计工具正在赋予建筑师更多的自主和自由。

2. 智能化建筑

智能化建筑，目前还没有统一的说法。按美国智能建筑学会的描述，智能建筑就是将结构、系统、服务、运营及其相互联系进行全面综合，达到最佳组合程度，使大厦具有高效率、高功能和高舒适性。也可以说，智能化建筑是一部具有自我调节功能的机器，能根据变化的外部环境自动调整内部状态。它一般具有三个特征：（1）建筑设备的自动化；（2）办公的自动化；（3）通信的自动化。德国建筑评论家曼弗莱德·赛克（Manfred Sack）说道："技术已成为建筑构造学的亲密伙伴。"①电脑控制了所有的建筑技术功能，包括室内气温调节、供暖、

① 转引自［英］奥托·李瓦尔特：《智能空间》，9页，北京，中国建筑工业出版社；合肥，安徽科学技术出版社，1999。

防晒和照明，最大限度地减少能量消耗，最大限度地发挥建筑的经济和生态效用。由于装在墙壁上或屋顶上的太阳能电池能提供所需的部分能源，有些建筑有不依靠外界而独自运作的功能。而且，建筑物作为其内部空间与外界环境间的中介，随着其功能的日趋完善，建筑物外层结构的性质也在发生变化，其技术含量更高也更加美观。目前正在建造的法兰克福商业银行的新总部大楼就是一个例子，它也反映出生态技术将如何影响未来的大型项目。诺尔曼·福斯特（Norman Foster）的设计不仅仅是幢令人瞩目的高技术大厦，它也是一个复杂的、具有自我调节功能的生态体系。建筑内庭花园随处可见，并具有高度的能源供给能力。

数码技术正在使建筑业走上自由发展道路，传统的内容与形式、功能与结构的联合与统一关系被逐渐打破。电脑网络和工作站可以在任何场所发挥其作用，电脑控制的建筑管理系统既可以安装在新型建筑中，也可以装进古老的城堡中。传统的设计观念正受到前所未有的冲击，数字化生存的空间是我们面临的现实问题，理想世界即在现实空间之中，也在虚幻王国之内。

## 第二节　环境艺术设计的美学规律

环境艺术的美学问题，可以简单地解释为环境艺术的观感和美观问题。如前所述，环境是我们居住、工作、游览的物质环境，同时又以其艺术形象给人以精神上的感受。环境艺术设计必须具备一定的实用特征和精神特征。我们都知道，绘画通过颜色和线条表现形象，音乐通过音阶和旋律表现形象，环境艺术的形象生成在材料和空间之中，具有它自身的形式美规律。

环境艺术是可供使用的空间，进行环境艺术创作首先必须满足使用上的基本需求，做到便利、舒适、安全、健康，这是环境艺术有别其他造型艺术的最大特点。

与环境艺术空间相对存在的是构成环境艺术的各种要素所表现出的形体，例如建筑的外轮廓，室内的各种装饰及细部设计。诚然，空间是环境艺术的主体，它反映出人的生活活动和社会特征以及人的审美理想。然而人们对环境艺术形象的观照，是从构成空间的实质性要素上获得的，各个时代的、各民族的、各地域的文化传统、社会思想意识、审美情趣和价值取向都在这些具体的、细微的形象中表达出来。从中，我们可以看到古罗马人崇尚的庄重，希腊人追求的严谨，印度人飘逸的幽玄，日本人喜爱的平淡，中国人讲究的对称。

绘画是通过色彩、线条等同人们进行情感上的对话，音乐是通过旋律和节奏与人们进行心灵上的交流。而环境艺术，除了植物、水等生态要素外，是由砖、木、玻璃、混凝土等无生命体所构成的，但它们所交织融合而构成的空间环境、形式等却都具备表情意义，不同的组合具有不同形象，不同的形象具有不同的表情。形式的变化，形象感受及肌理对比等都巧妙地在人的情感世界中产生共鸣。

形式美规律和审美意识是不同的。形式美应该具有普遍性和共性特征，就环境艺术而言，形象的整体性，各部分的比例与尺度，对称与均衡，对比与统一，节奏与韵律，质感与肌理等是传统形式美的原则，而人的审美观念则含有更多的因素，因时代、民族、地域、人的年龄、社会地位、文化修养的不同而产生较大的差异。可以说环境艺术的审美规律是相同的，而人们的审美意识是不同的。

尽管如此，我们对环境艺术之美的理解不能停在表面的、肤浅的层次上，要充分认识到“空间”是环境艺术的“主角”，否则就会本末倒置，避重就轻了。同一个环境艺术空间，它可以有不同的艺术形象，然而它们的旨趣或意境则相去甚远，高下立判，同样的形式美规律可以产生不同的效果。

## 一 比例

所谓“比例”是指一个事物个体中局部与局部，或局部与整体，抑或某一个事物个体与另一个个体之间的关系。这种关系可以是数值的、数量的或量度的。就建筑而言，指建筑的各种大小、高矮、长短、宽窄、厚薄、深浅等的比例关系。建筑的整体，建筑各部分之间以及各部分自身都存在有这种比例关系，犹如人的身体有高矮胖瘦等总的比例关系，又有头部与四肢、上肢与下肢的比例关系，而头部本身又有五官位置的比例关系一样。

随着历史的发展，人们发现了多种数学的和几何的方法，用以确定物体的最佳比例。这些比例系统超越了功能方面和技术方面的考虑，以建立起一种审美的度量衡。意大利建筑师维特鲁威完全把握了希腊建筑的整体尺寸和最小的细部尺寸之间的明确关系，他认为存有一个模度系统控制着希腊神庙的设计。在 17 世纪，法国皇家建筑学院第一建筑学教授法兰梭亚·龙应台断言，建筑上的整体美观来自绝对的、简单的、可以认识的数学上的比例。到 19 世纪末叶，米里安·伽代发现了某些物体比例优美的秘密，他将其称为真或富的表情。他说，优美的比例是纯理性的，而不是直觉的产物，每一个对象都有潜在于它本身之中的比例。

视觉结构的组成部分和各种要素之间的和谐比例关系可以引起人的视觉上的美感。早在公元前 6 世纪时，古希腊的哲学家毕达哥拉斯就发现了数比的美。他认为美是由一定数量关系构成的和谐，数是自然万物最基本的元素，数的原则统摄了一切现象。他研究音乐、建筑、雕塑等艺术中的数比关系构成，总结出什么样的数比关系能够产生美的效果——形式的逻辑关系。于是，毕达哥拉斯学派发现了“黄金分割”的比例关系。他们认为黄金分割蕴藏着创世的秘密，甚至把它奉为永恒的美的比例。

现代建筑的奠基人勒·柯布西埃提出了一个由人的三个基本尺寸借助于黄金分割而引申出来的一些要素所形成的体系。勒·柯布西埃称之为“模度尺”，这个比例显然发端于对人体的研究，但它已逐渐成为一种独立的科学法则，并且按照人的理想尺度创作发展变化，他认为永恒的比例美是不存在的。

环境艺术所表现的各种不同比例特点常和它的功能内容、技术条件、审美观点有密切关系。虽然通常以数学名定义一个比例系统，但它在一个构图的各个部分之间也建立起一种连续的视觉关系。它是改善统一性与协调性有用的设计工具。然而，我们对事物物理尺度的感知，却经常是不准确的。透视上的缩距、视距甚至因偏见引起的变形，都会扭曲感觉。因此，比例的优劣很难用数字作简单的规定。

然而，要取得良好的比例，并不是件容易的事，比例的源泉是形状、结构、用途与和谐，从这一复杂的基本要求出发，要完成好的比例，就要对各种可能性反复地比较，不断地调整，这样才能得到优美而和谐的比例。

## 二　尺度

尺度是指人与他物之间所形成的大小关系，由此而形成的一种大小感及设计中的尺度原理也与比例有关。比例与尺度都是用于处理物件的相对尺寸。如果说有所不同，那么比例是指一个组合构图中各个部分之间的关系，而尺度则指相对于某些已知标准或公认的常量对物体的大小。

我们平时所说的尺度是指“视觉尺度”而不是“物理尺度”。“物理尺度”是根据标准度量衡测出的物体尺寸，而“视觉尺度”一般都是根据已知近旁或周围物体的尺寸对某物体的大小进行的判断。在环境艺术设计中，有一些物件或物体是人经常接触和使用的，人们熟悉它们的尺寸和大小，如门、窗、栏杆、家具等，通常都习惯通过它们来衡量其他物体的大小。

“人体尺度”关系到物体给予我们尺寸大小的感觉。如果某空间或空间中各部件的尺寸使我们感到自己很小，我们可以说它们缺少人体尺度。另一方面，如果空间不令人自觉矮小，或者其各部件使我们在取物、使用及走动时符合我们对尺寸的要求，我们说它们是合乎人体尺度的。大多数我们用以确立人体尺寸的部件是那些通过接触和使用，我们已习惯其尺度的物体。如门、台阶、家具等，这些部件可以使空间人体尺度化，没有它们就缺乏人体尺度感。

在环境艺术中，空间的尺度问题并不限于一个单系列的关系。某个要素可以同时与整个空间、各要素彼此之间以及使用空间的人们发生关系。有些要素有着正常的合乎规律的尺度关系，但是相对于其他别的要素却有异常的尺度。因此，在环境艺术设计中，一般都应该使它的实际大小与它给人们印象的大小相符合，如果忽略了这一点，任意地放大或缩小某些物件的尺寸，就会使人产生错觉，例如实际大的感觉“小”了，或实际小的感觉“大”了。在某些特殊的情况下，人们可以夸大物体的尺度以获得特殊的效果。

在感觉的层次上，人们能感受大型建筑或重点建筑、纪念性建筑物所带来的巨大尺度和宏伟壮观（图 4—1、图 4—2），也能体验到小型住宅给人的那种亲切近人、舒适宜人的氛围。蕴涵在物体尺寸中的美感，是一般人都能感受得到的，所以，当实物尺寸与习惯或观念中的尺寸完全不同时，人们会本能地感到混乱和迷惑。如在住宅这样的小环境中，采用了纪念性建筑物的尺度，追求一种宏大的场面；同样，在大型的建筑中，若采用的尺度不当，将把建筑自身贬小，会产生像玩具似的矮小感，甚至觉得是假的。在环境艺术中，虚假的尺度不但是乖张的广告性标记，而且是对良好风度的一种戏谑。

**图 4—1　法国巴黎的埃菲尔铁塔**

**图 4—2　诺曼·福斯特的法兰克福商业银行的新总部大楼**

一个好的环境艺术要有好的尺度。那么，尺度是怎样产生的呢？整体结构的纯几何形状是产生不了尺度的，几何形状本身并没有固定的尺度。一个四棱锥，可以是小的镇纸，可以是卢浮宫前面的玻璃金字塔（图 4—3），也可以是埃及的齐奥普斯大金字塔；一个球形，可以是一只乒乓球，可以是 1939 年纽约世界博览会的圆形建筑，也可以是月球。

因此，要让环境艺术具有尺度感，就必须把一个可以参照的标准单位引入到设计中来，使之产生尺度感。实际上，人是环境艺术的真正尺度，即“人体尺度”。通过人体尺度，确立环境的整体尺寸，使人获得对环境艺术整体尺度的感受，或亲切怡人，或高大宏伟。

图4—3　巴黎卢浮宫玻璃金字塔

一般说来，尺度感有三种类型：自然的尺度、超人的尺度和亲切的尺度。第一种为自然的尺度，就是试图让环境艺术表现它本身自然的尺寸，就个人对环境的关系而言，能度量出他本身的正常存在。自然的尺度能在人们日常的生活工作环境中找到，住宅、商业建筑、生活区外部环境中的尺度都是这种自然的尺度。第二种是超人的尺度，它企图使一个建筑物显得尽可能地高大。超人尺度的巨大建筑物是人们对于超越它本身，对于超越时代本身局限的一种憧憬，超人的尺度在大教堂、纪念堂等纪念性建筑和许多官方和政府的建筑中，是非常适宜的。超人的尺度常常是以某种大尺寸的单元为基础的，它是一种比人们所习惯的尺寸要大一些的单元。但是，大尺寸的单元并不能独自形成超人的尺度。

超大尺度的获得并不是把一个尺度合适的设计简单地放大，简单地放大其结果可能是适得其反，造成完全缺乏尺度的感觉，令人感到混乱、无秩序。同样，缩小局部物体的尺度，以期得到原来尺度的任何宏伟感，同样也是不可能的，其结果也只有纷乱和滑稽。

亲切的尺度的获得，是通过把建筑物或房间做得比它的实际尺寸明显小些而实现的，这一般是很少应用和难得如愿以偿的，但有的地方是允许的。比如在大型的餐馆里，从经营的方面来说，愿意让它产生一种非正规的和私人的亲切感。要成功地获得亲切的尺度，绝不能简单地把物件的尺寸缩小到比通常的尺寸小，这样做常常还会产生相反的效果。获得亲切尺度的手段有很多，比如在大空间中家具的组合摆放等。

在环境艺术设计中，重要课题之一就是给设计选择一个恰如其分的尺度，进行尺度协调，把同样的尺度类型自始至终地贯穿到全部设计当中。当然，在这个协调之中可能分成好多等级，不同的环境有不同用途的空间，这也就决定了尺度关系的类型也是多种多样的。任何一个空间，都应根据它的使用功能，获得一定的环境效果，确立自己的尺度。

## 三 均衡

在视觉艺术中，均衡是任何观赏对象中都具有的特性。具有良好均衡性的艺术品，往往在均衡上予以了强调，或者说，只有容易让人觉察到均衡才能令人满足，产生一种健康、安定、平静而满足的愉快情趣。

在环境艺术设计中，均衡性是最重要的特性。由于环境艺术有三度空间的视觉问题，因此在环境艺术中的均衡问题颇为复杂。在某一空间中，无论是室内空间，还是室外空间，空间及其围合界面、家具、照明、陈列艺术品，通常是包含了造型、尺寸、色彩与肌理的一种混合。如何去组织这些要素，则是对功能需要和审美综合考虑所作的回答。不管怎样安排、布局，这些要素的组织最后必定要在视觉上达到一种平衡。

在整个空间中，各种组成要素都有其独特的造型、风格、大小、色彩和质地、要素的这些特性，协同它在空间中所处位置、朝向等要素共同决定了它在视觉中的分量，以及它在空间中所占据的地位。

在具有良好均衡性的环境中，一般都在均衡中心上予以强调，越是在复杂的环境中，越需要明确地强调这个中心，以避免视线的紊乱和不确定，甚至在相对简单的环境中，设计师也常煞费苦心地强调这个中心。

环境艺术设计是设计空间的艺术，它的构图是在三度空间中完成的，如果再加上时间度这个向量，那么它的构成则更为复杂。当我们在一个空间走动时，我们对环境艺术的空间及其构成要素及部件构图的感觉会有变化。当我们的视点来回变动时，我们看到的透视也随之变化。

步移景异，所以我们应该在四维的空间考虑环境空间中各构成要素的视觉平衡。一个优秀的环境艺术作品必须在所有的角度上看上去都有良好感觉。

一般而言，均衡有三类方式：对称式、放射式和非对称式。

对称式是最简单的一类均衡。在这类均衡中，对称轴线的两侧完全一样，完全相同的要素，一致的造型、一致的尺寸和对应位置，只要把均衡中心以某种微妙的手法加以强调，可以马上给人一种安定的均衡感。对称式均衡很容易显示出宁静和稳定的平衡状态，其重点一般都在轴线上。对称是建立视觉秩序性的一种简单而有效的手段。如果运用得当，可以创造出一个布局严谨、形式工整的环境艺术空间。然而，限于功能的要求和环境现有的条件，一个完全对称的均衡是毫无必要的，也是很难做到的。在建筑设计中，获得对称外立面是件相对容易的事（图 4—4）。

均衡的第二种形式，就是放射式平衡。在环境空间中，有一个中心点，其构成要素和部件围绕中心点布置，形成一种向心的构图方式，中央地带一般都被视为重点加以强调，各要素既可朝

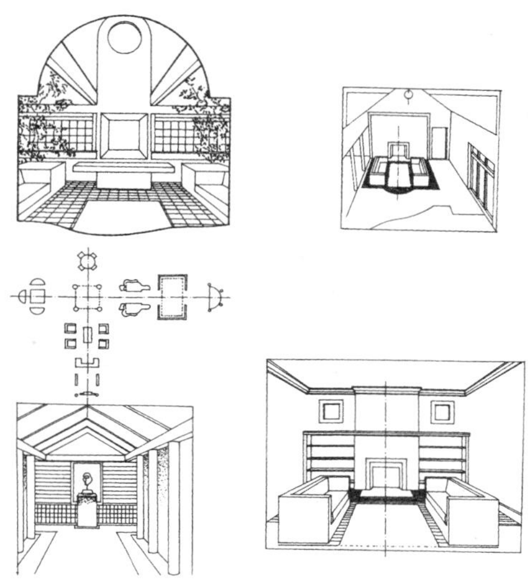

图 4—4　对称式均衡

着中心内敛，也可背向中心面向外围，或者简单地环绕一个中心要素布局。在这类形式的均衡中，中心位置上的要素起到控制整个环境空间，统领全面的作用。这也很容易获得一种平衡稳定的状态，而且它与对称性均衡不同的是，在其中心要素周围的要素，并不是不可或缺，而且位置可以变动，没有了对称式构图的拘谨和严肃，在布局上可以更加灵活多变（图 4—5）。

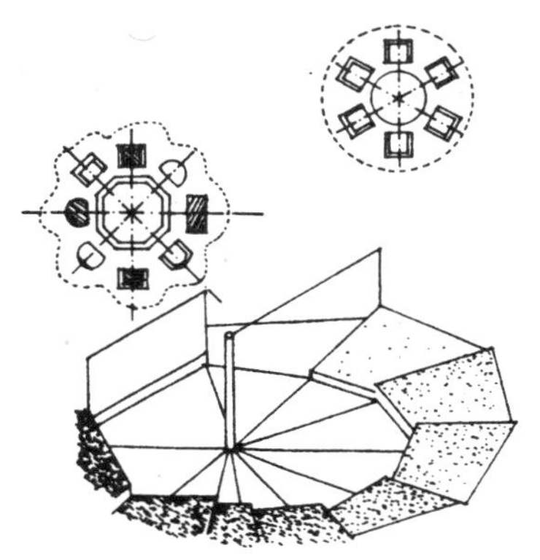

图 4—5　放射式均衡

非对称均衡是一个更加复杂的问题，而且也是一个极为重要的问题。现在的环境艺术空间的功能日趋综合化、复杂化，按照使用功能的要求来布置平面，设计出来的平面经常是不对称的，非对称的均衡设计准则逐渐取代了对称均衡的设计准则，而成为设计师们在设计实践中所刻意追求的。设计师们自发地倾向于不对称的结构。它虽然不如对称式均衡那样明显，但它更具有视觉能动性和主动性，它处于动态和变化之中，充满生机和活力。它比对称的形式更加灵活，能满足不同功能、空间和场合的各种条件。

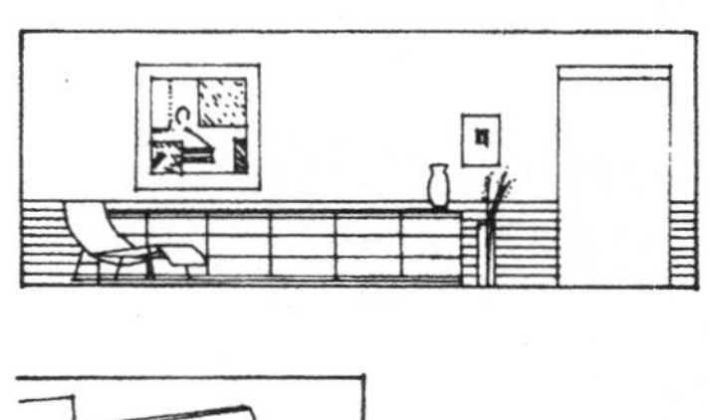

**图 4—6　非对称均衡**

非对称均衡的均衡中心的每一侧的要素，无论是在尺寸、造型、颜色还是相互关系上都缺乏相应的关系，但在美学意义方面却有某种等同之处，这就是非对称的均衡。在非对称的均衡中，要比对称的构图更需要强调均衡中心，鉴于不规则均衡组合的复杂性，如果不把构图中心有力地标定出来，常常会导致视觉上的混乱和散漫。所以非对称均衡有一个中心是很有必要的（图 4--6）。

另外，为获得一种微妙的或视觉的平衡，非对称均衡必须考虑视觉分量和构图中各个要素的力量，运用杠杆平衡原理去安排各个要素，这是非对称均衡的第二个原则。意思是有视觉效力并引人注意的造型独特或色彩强烈、色调沉重甚至肌理斑斓的要素，要用效果弱但体面大，或距中心较远的要素来平衡，这是不规则的室外环境获得美感的一个诀窍（图 4—7）。

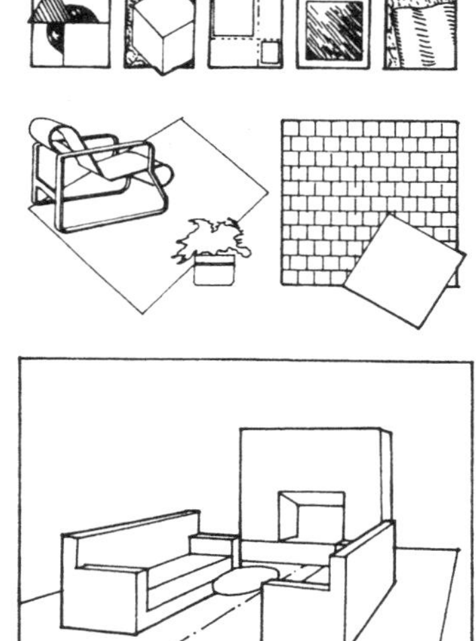

图 4—7　要素的均衡

综上所述，均衡可以算得上是环境艺术设计的基石，均衡在视觉上给人以魅力和统一。它能形成安定、平稳的视觉效应，可以防止散乱不堪。

## 四　统一

任何艺术给观者的感受都应具有统一性，所有的艺术作品无一例外。假如一件艺术作品，整体上杂乱无章，局部支离破碎、互相冲突，那就根本算不上艺术品。艺术上追求视觉效果的统一，早已是人们公认的艺术原则。

在环境艺术中，复杂的功能需求，多种多样的构成要素，会自发地形成多样化的局面，根本无须担心设计得不够丰富。当把环境艺术设计得能满足复杂的使用需求时，环境艺术的复杂性必然会导致形式的多样化，即使是一个使用要求很简单的设计，也可能需要一系列各不相同的要素，由单一要素构成的环境艺术是不存在的。因此，设计师的任务是如何把这许多各具特色的要素组织起来，组成引人入胜的统一。

环境艺术设计是一个统一的艺术创造，并不是简单地对构成环境艺术的要素进行设计，而是追求一种相同或相似的内涵和艺术形象表达，形成一个完整的、和谐的整体。相同的或不同的要素，通过在造型、色彩、肌理或材料以及组合方式上的精心设计，都能在视觉上获得悦目的一致性。构成环境艺术的各要素只要在某一特质方面有相同的或相似的表情，就能获得艺术效果上的统一。

环境艺术设计中，统一的获得有以下几种手段或方法：

第一，次要部位对主要部位的从属关系。在环境艺术的空间中，首先确定一个主体要素用来支配和控制整个空间。这种起主导作用的要素，或通过造型的独特，或通过体量的庞大，或通过色彩的强烈等方式，获得视觉上的冲击力，而其他要素都处于从属的地位。这是一个在室外环境艺术设计中获得统一效果的最有效的方法。事实上，许多现代城镇和都市之所以显得杂乱无章，形象混乱，其主要原因之一就是缺乏这类控制要素。这也就是北京长安街两侧建筑给人以混乱、无序感觉的原因。每幢建筑都试图表现自己、突出自己，长街成了建筑师们表演的舞台，每个人都认为自己的作品应该是演出的主角，其结果成了一出没有主角的戏剧。

美国建筑师托马斯·U·沃尔特曾为美国国会大厦增加了两个巨大的侧翼——众议院和参议院，他很快意识到，以原来的圆屋顶来控制这座新的宏大建筑物是不能胜任的，因此加建了现在这个带有高大鼓形柱廊的铸铁圆屋顶。这个冠于国会大厦的圆顶，不仅统一了庞大的建筑物，而且通过它的尺寸和制高地位，以及从内向外辐射的宏伟街道，足以把华盛顿的一大片市区统一在一起（图 4—8）。

**图 4—8　美国国会大厦**

清华大学图书馆东翼侧楼是由美国建筑师设计的，图书馆的第一次扩建是由中国著名建筑师杨延宝先生完成的，它包括老图书馆的角楼和西翼侧楼（图 4—9）。角楼在体量和形式上完全控制了整幢建筑物，而且加建的部分采用了与原有建筑相同的材料和建筑语言，建筑师在平和之中，取得了与原有建筑的协调，而没有去张扬自己。图书馆的第二次扩建是在 20 世纪 90 年代由清华大学建筑学院教授关肇邺先生完成的（图 4—10）。新建部分虽然体量较为庞大，但还是尽可能在高度控制上，材料的选用上，语言符号的使用上，与老图书馆取得统一、协调一致，红砖青瓦一同掩映在绿树丛中。

**图 4—9　清华大学老图书馆**（杨廷宝先生在美国建筑师设计的基础上完成）

**图 4—10　清华大学图书馆新馆**

第二，运用形状的协调。如果一幢建筑物所有的窗户是相同的，即窗户的高、宽比例相同，或者说它们给人的几何感觉一样，那么它们之间将有一种内在的协调关系，有利于产生统一感。这种以协调统一的形式在环境艺术设计中运用得很广泛。在欧洲，许多城市有一种令人欣喜的统一感，那是因为构成城市建筑物的基本形式有协调感。荷兰的阿姆斯特丹，城市的统一被那些三角形的阶梯形山花表现得淋漓尽致。土耳其的伊斯坦布尔上空的景色，通过市场、浴室和清真寺庭园拱廊的屋顶所形成的圆顶旋律获得协调感。

形状和尺寸的协调可以一直贯彻到环境艺术的最小的细部中去，这是使环境艺术变成同一构图中完整整体最可靠的方法之一。尤其是在室内环境设计中，这种方法的使用，可使得统一的效果达到令人惊叹的地步。

第三，用色彩及材料来获得统一。在这方面，建筑的外观处理和室外空间设计是得天独厚的，因为，正确地选择建筑材料来获得主导色彩，而且这常常是得到统一和协调的唯一方法。例如，在一个旧学院的校园中，或者在一个著名的老城镇中建一座新式现代结构的建筑物，尽管新老结构的风格不同，若都使用相同的材料，就会产生一种统一感。在清华大学的西区中，新老建筑并存。早期的西式建筑如大礼堂、老体育馆、科学馆、老图书馆、清华学堂等，新建的建筑如文体活动中心、新图书馆、物理系馆等，都是红砖清水墙或以红色面砖饰面，色彩典雅古朴，掩映在绿树、紫藤中，协调统一。色彩在这里起到了至关重要的作用。同样，在国外老城的新建筑中，也经常用类似的方法，尽管老建筑是巴洛克式的，新建筑属于现代化设计，新老建筑分别采用过去的和现在的黏土烧结制品及玻璃制品，这同样也会在人的视觉上形成一种统一和协调（图 4—11）。

**图 4—11　荷兰阿姆斯特丹街头现代建筑与传统建筑和谐共处**

另外，建筑材料色彩的对比，也能产生一种戏剧性的统一效果，但要有个前提，对此应该是重点点缀，而不要导致对比色或材料之间在趣味上发生矛盾。有很多设计都是把砖、石、马赛克、玻璃、木材和金属综合运用，但是在成功的作品中，我们总会发现一种颜色或一种材料牢牢地占据主导地位，对比的色彩或材料仅仅用来加以重点点缀，很少有平均对待的状况。

第四，表情上的协调。构成环境艺术的各种要素，尽管各自有独特的品质，但它们之间必须相互联系，表达出相同的或类似的主题，在表情上取得一致，譬如方向感等。有一种表情的协调是通过结构来表达的，同一类型的结构系统贯穿于环境艺术设计的始终，取得在形象或态势上的一致（图 4—12、图 4—13）。

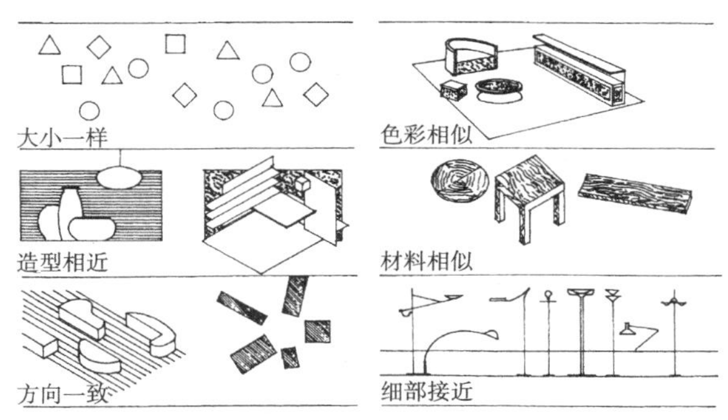


**图 4—12　表情上的协调**

另一种表情的协调表现在功能和使用目的上。任何一个环境的设计，显然都是为满足人类的某些基本需求而设计的，生活、工作、学习、游憩的环境空间有不同的外部表情和效果。人们一般可以通过一个环境的形象推断出该空间的使用功能。当然也有特殊的状况，尤其是在数码化的

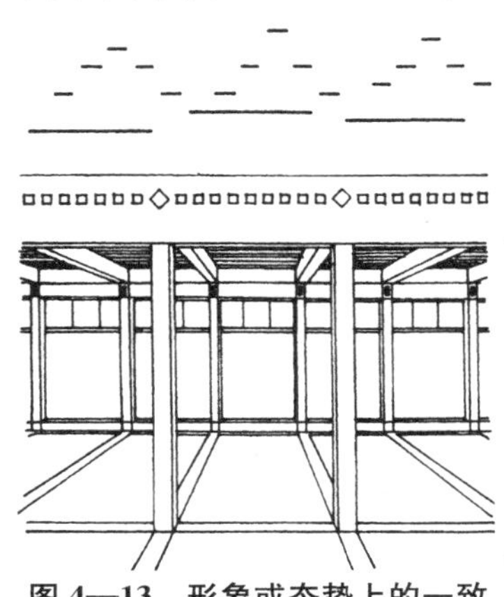

**图 4—13　形象或态势上的一致**

今天，某些传统的建筑原则被打破了，建筑业得以自由发展，内容与形式、功能与结构的联系开始逐渐被打破。电脑网络和工作站可以在任何场合发挥其效用，顶尖的科研机构可以设在五颜六色的木屋里，也可以设在高技术研究站之中。

但是，在已经建成的环境艺术作品中，最容易犯的通病就是缺乏统一，这主要是有两个原因：一是次要部位对于主要部位缺少适当的从属关系，再就是环境艺术的构成要素缺乏形式的协调。

在增强环境艺术整体统一性的同时，我们还应该意识到，统一和谐的原则并不排除我们在设计中对变化与趣味的追求。在统一中追求变化是我们在环境艺术设计中所要刻意得到的。过分地使用具有相似或相同特征的要素，统一会陷入一种单调的、乏味的构图中；为追求视觉上的趣味性而作过多的变化，又将会引起视感觉的混乱不堪。在各要素的有序与无序、统一与变化中存在一种张力，处于细致的和艺术的紧张状态，如何在设计中把握它们之间的“力”与“度”，是设计能否成功的关键。变化的主要作用在于使形式产生生动的、活泼的效果，并富于活力和趣味性，往往会成为环境艺术中的趣味中心，从而使形式具有生命力。

## 五　节奏与韵律

无论是在视觉艺术中，在听觉艺术中，还是在语言艺术中，有规律地重复就是节奏，节奏的基础是排列。心跳、呼吸以及许多其他生理上的功能都是自然界中最强烈的节奏现象。节奏能够使各要素之间具有单纯的明确关系。使人产生匀速均等性的动感，使形式井然有序（图 4—14）。

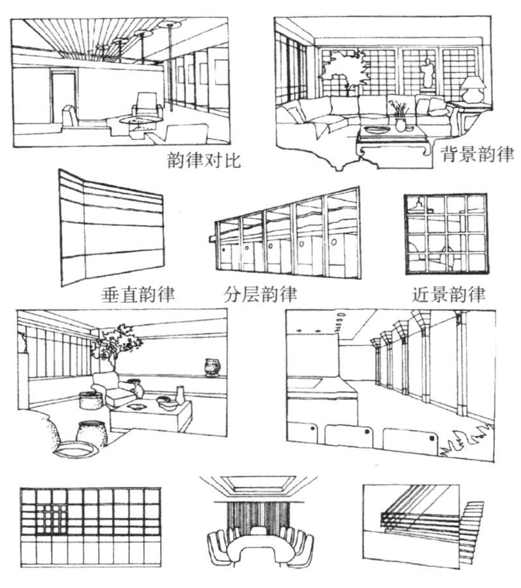


**图 4—14　节奏与韵律**

韵律的基础是节奏，是节奏形式的深化，是情调在节奏中的运用。如果说节奏是单纯的、富于理性的话，那么韵律则是丰富的、充满感情的。

在视觉艺术中，节奏、韵律是任何物体的诸元素成系统重复的一种属性，而这些元素之间，具有可以认识的关系。就环境艺术设计而言，这种重复是视觉可见元素的重复，如光线和阴影、支柱、洞口、环境设施，甚至肌理与形式的有规律变化。一个环境艺术空间的大部分效果，就是依靠这些韵律关系的协调性，简洁性以及威力感来获得的。在艺术中，具有强烈韵律的形式能增加艺术的感染力，因为每个可知元素的重复，会加深对形式和丰富性方面的认识，而情绪上的理解又促成感染力的增强。

韵律是使任何一系列大体上并不相连贯的感受获得规律化的最可靠的方法之一。许多古典交响乐和奏鸣曲能得以久远流传，其原因就在于此。在这里，音乐的短句或主题的重复和扩展，在作品的总体效果里形成一种庄重感，而不是捉摸不定的行列。但是，音乐里除了严格的重复之外，还存在着另外一种类型的韵律，一种交响诗或练习曲里的自由韵律，由反复所造成的韵律，可以形成抑扬顿挫的整体形象。

这些音乐形式与建筑形式有类似之处。罗马大角斗场连拱的重复（图 4—15），希腊神庙优美的柱廊（图 4—16），哥特式教堂的尖拱和垂直线的重复（参见图 4—21），中国宫殿檐口斗拱的重复（图 4—17），都具有古典音乐里可以找到的那种规则式的重复。在建筑中如果完全依赖这种韵律图案的严谨性，那就未免太拘谨了。美丽的乡村住宅，不规则的村镇、城市的广场，常常具有一种十分不同的韵律美，这种美是来自从渐强增至高潮，从高潮降到渐弱到休止，反复多样的流动。但是，已经谈到了优秀建筑与音乐的类似性，与其说在形式比较固定的诗歌或音乐中可以找到，倒不如说在写得漂亮的散文的韵律中能够发现。

图 4—15　罗马大角斗场遗址

图 4—16　希腊雅典卫城的帕提农神庙遗址

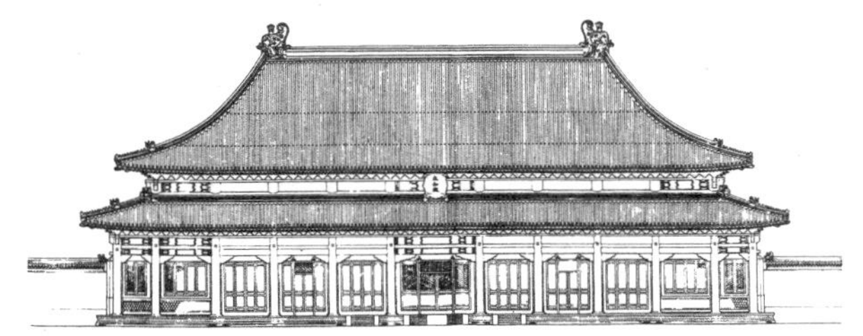

图 4—17　北京故宫太和殿正立面

在环境艺术中，有许多韵律形式是特别重要的。首先是形状的重复，如窗、门、柱、装饰图案、路灯等（图 4—18）。第二是尺寸的重复，像柱间或跨距的尺寸。第一种情况是形状的重复，其间距离的改变并不破坏韵律的特点。反过来，间距尺寸相等，单元可以变化大小或形状，而韵律依然存在。这许多要素，只要在其某种性质上达到一致，就会取得韵律的性质。

**图4—18　日裔美国建筑师雅马萨崎设计的西雅图博览会联邦科学馆构件的重复带来优美的韵律**

更复杂一些的第三种韵律形式是以不同的重复为基础的。假如我们有一组彼此平行的线条，第二对之间的距离比第一对之间的大，第三对之间的距离比第二对之间的大，这就势必形成一种大规则的渐变韵律。若这样来连续布置不同长度的线条，可以从一个点开始，跟上一道线，然后是较长的一道，以后更长，依次下去，这就会形成一定的韵律效果，而且含蓄着一种由小到大或是从大到小的有力的运动感。我们甚至可以在同一个韵律系列中，把递增和递减的渐变结合起来，做成从小到大，然后逐渐从大到较小，或者反过来做成从大到小再到大，后一种情况可能有后缩感。更有效果的是一种把大的元素放在中心，造成向重要的元素增大和次要的元素缩小相结合的规律，这是从平静的开端到高潮，再从高潮放松下来的过程。

韵律可以是不确定的、开放的，也可以是确定的、封闭式的。只把类似的单元做等距离的重复，没有一定的开头和一定的结尾，这叫做开放式韵律。在建筑中，它的效果通常是动荡不定，含有某种不限定和骚动的感觉。在圆形或椭圆形建筑物中，像罗马大角斗场，或在蒂沃利的威斯特神庙，意大利的罗马小体育馆处理成连续而有规律的韵律是恰当的，因为现实中间距的韵律，由于透视的效果，从每一端看上去都是紧靠在一起的。如果用一个确定的标记，在开放式韵律的两端封闭起来，这种骚动的感觉就会消失。韵律可以用端部单元形状的变化来结束，也可以用端部单元尺寸的变化来结束，或者用前面两种变化相结合的方式来结束，还可以用加在每个端部强有力地标成相对立的韵律来结束。在建筑中，第一种方案可以在北京故宫博物院的太和殿中看到，这里跨距保持不变，但端部开间较小。在许多办公大楼和公寓中，跨距的开放式韵律，在端距用缩小玻璃的面积或完全不要玻璃而形成多种处理方式。许多当代的建筑师，运用相对立的韵律系统来设计一个系列，常常有出人意料的动人效果。

建筑中另一种极为重要的韵律是线条的韵律，这种韵律可能仅仅是一种直线线条的长短或弯曲度有系统的变化。荷兰的风格派画家蒙德里安对线条作了深入细致的研究，他的许多作品，显示出他对线条韵律的关注。这个画派，对许多重要的现

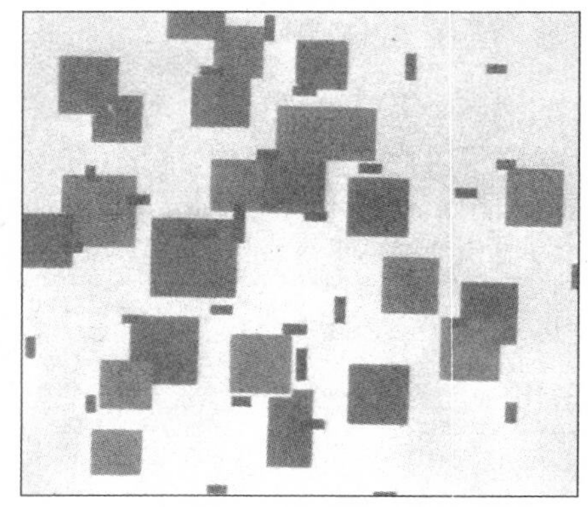

图 4—19　荷兰画家蒙德里安的绘画

图 4—20　阿姆斯特丹乌德勒支的施洛德住宅

代建筑创作，带来了强有力的影响，特别是里特维尔德和密斯·凡德罗，里特维尔德几乎是逐字逐句地把蒙德里安的绘画（图 4—19）翻译成了建筑语汇。1919 年他设计了一个餐具柜，把穿插的面和线构成一个典雅的垂直——水平形式。里特维尔德早期设计的阿姆斯特丹乌德勒支的施洛德住宅（图 4—20），其结构上的方块，被分开穿插的矩形板子平面所打破，板子被简单的管件连接在一起，形成构成主义雕塑的风貌。这不仅仅是一件风格派的作品，它的大角窗和成排的窗，使室内光线充裕，挑出的屋顶又可遮住室内的阳光，所以住宅的房间很明亮、通风、爽快，适于居住。密斯·凡德罗的许多建筑平面与蒙德里安的绘画之间有很多类似之处。密斯的建筑平面，运用孤立伸出的墙，自由布置在平板之下的漂亮手法，在建筑中造成一种引人入胜的实际可见的韵律；同时，如平面图案具有一种纯线条的抽象性质。中国古代建筑中也经常卓有成效地运用渐变韵律，北京国子监辟雍堂的立面就是非常典型的一例。

有了线条长度的韵律，同时也可以有曲线运动的重复。例如圆到椭圆的渐变，是以曲率半径的相应变化为基础的。螺旋形同样也具有曲率半径从小到大的有趣渐变。螺旋形是最具韵律的形式之一，因为它是绕一个焦点反复弯转和曲率半径不断渐变的结合形式。这种螺旋最终缠绕到最小弯度的一点上，做出一个有力的结束，这一点使得巴洛克时期用螺旋线条作盾饰甚至山花饰的做法得以流行。事实上，有韵律的曲线是多数巴洛克设计的出发点，像平面、室内及外观，就常常变换运用有韵律的弯曲，给巴洛克的设计增添了巨大的活力。

韵律，并不仅局限于装饰、立面构图和室内细部处理，环境艺术空间中的韵律更为重要。人们通过一个小的空间进入一个相当大的空间，又从这里进入另一个特点不同的空间，然后依次进入到环境艺术的主要空间。在复杂的环境艺术中，大和小、宽和窄、横和纵等各种空间的变化和渐变的韵律相交替，创造出一种有秩序的变化效果。空间的韵律、变化比其他任何东西的韵律都更有魅力、激动人心。

所有令人满意的开放式韵律，一定要在尽端有个结束，在空间中，具有韵律关系的形式，无论是由点的重复、线的重复，还是面的重复所形成的，必然会创造出一种运动感和方向感，人们会在这些形式的暗示之下在空间里穿行。过往的人们，通过对韵律的感受，不仅形成一种愉快和连续的趣味，而且也使人们对于尽端要出现的某种重要的、巨大的和使人激动的事物，思想上有所准备，一个开放式的韵律必须有结尾，而且这个结尾必须是一个足够重要的高潮，以证明方才的准备就是为它作的。

韵律具有一种超越人们意识的无可争辩的吸引力，它可以使形式充满情趣，假若从一个点可以看到两个空间的话，其中一个有韵律而另一个没有，那么观者会自然或本能地转向前者。所以，韵律的设计又变成了一种方法，用这种方法，可以把人们的兴趣和注意力引向环境艺术中的主要因素。

在不同的历史时期，人们对韵律的偏爱是不大相同的，例如希腊人所爱好的韵律有错综性和明确性，而罗马人则喜欢更加柔顺更加自由的韵律形式。不管怎样，韵律形式的发展趋于复杂化，多样化。到今天，人们对韵律的体验是迷离莫测的。现代的环境艺术与现代音乐一样，韵律的概念是多变的，既有最明显最规则的韵律，又有追求那些自由和所谓自然的韵律，以至韵律的基础全部丢却，结果使人难以捉摸难以名状。正如音乐的情况一样，一方面有以韵律形式复杂、明确为特色的爵士音乐，同时也有在作品中拒不标出的任何节拍的萨地（Satie）音乐。在建筑里，韵律情趣的多变既反映在弗兰克·劳埃德·赖特作品的明确韵律里，也反映在勒·柯布西埃某些作品完全捉摸不定的韵律里。

在现代环境艺术设计的复杂过程中，避免无用的部位，坚持经济、效率和功能的表现，韵律问题有时看起来似乎是无关宏旨，甚至是多余的麻烦事。尽管如此，明确有力的韵律给人视觉上的感受是其他因素所没有的。为了使我们的环境艺术作品更生动感人，韵律的追求还是十分必要的。当一个设计师想要把他设计的环境艺术作品发展成为一个系统的有机体时，韵律就是最重要的手法之一。

韵律的设计原则就是基于空间与时间中环境艺术构成要素的重复。这种重复，一方面创造了视觉上的整体感，另一方面也能引导观察者的视觉和心理感觉在同一构图中，或环绕同一空间，沿一条行进路径所作出的连续而有节奏的反应。当然，最简单的重复模式，可能是相当的单调乏味，但是把它作为背景韵律，或限定一条富于质感的线，限定边界或点缀边缘时还是很有用的。虽然这些循环的要素为获得视觉上的连续感一定都要具备共同的特性，但它们在形态、细部、颜色和质地上求些变化是有必要的。这些变化，无论是微妙的或是明显的，它们都能打破简单的重复所带来的枯燥的感觉，提供一定程度上的趣味性，丰富人们的视觉感受，不致引起视觉上的疲劳，能够激发人们的情感（图 4—21）。

**图 4—21 法国汉斯主教堂**（哥特风格）

## 六 重点

在视觉艺术当中，突出重点这已经是一个公认的艺术原则。假若一件艺术品没有引人注目的重点，将会显得平淡无奇，单调乏味，如果有过多的重点，它就会显得杂乱无章，支离破碎，互相冲突。

环境艺术是非常复杂的艺术，一般都由多种不同特性的要素构成，由单一要素构成的环境艺术是不存在的。这些构成环境艺术的要素，在整个空间中所处的地位和所起的作用必定会有区别。有的处于重要的位置，起到支配作用，有的则处于从属的地位。一个好的环境艺术作品，构成它的每种要素都处在恰当的位置，表达其恰如其分的含义。

在环境艺术设计中，重点突出的原理就是在支配要素与从属要素共存的情况下，所必须遵守的美学原则。没有支配要素的设计将会平淡、单调，有过多的支配要素，设计又将会杂乱无章，喧宾夺主。

重点突出的追求，与前面所谈到的统一、和谐、平衡及韵律的获得并不矛盾。统一、和谐，是把构图中一些互不相干的特性或要素兼收并蓄。这些处于平衡和谐状态的要素应具有某种相同的特性，但各要素之间在其他方面，诸如尺寸、形态、色彩、质地等方面还有差异，在统一之中富于变化，变化之中突出重点。只有这样才能使空间充满变化，富有情趣。做到有主、有次，有抑、有扬，有收、有放，形成空间中的高潮和中心。没有高潮的任何艺术品都是平淡乏味，令人困倦的。

在整个空间中，每种构成要素都具有其独特的造型、尺寸、色彩和肌理。这些特性，协同其位置、方向等共同决定了每一要素在空间中的视觉分量，使空间富有生气和活力，从而形成空间的趣味中心。趣味中心既可以是雕塑、壁画、构筑物、建筑，也可以是室内的结构物件、楼梯、家具，甚至一个主立面。通过含义深远的尺度大小、独特的形态或对比的色彩、明度与肌理，可以使一个重要的要素或某种特色成为视觉的重点。在任何情况下，都应该在空间的支配要素或特征方面与它们的从属要素之间建立一种可辨别的对比关系。这种对比可以用打破正常构图规律的方法引起人们的注意。

环境艺术空间中重点的获得，其方法有很多，但最终的目的都是使空间的艺术形象更加和谐统一，充满情趣。所以，在突出重点时须注意以下几个问题。

1. 要素在空间的位置

一个要素或特征可以在空间中关键的位置或方向性上加强其视觉重要性。对于一个特定的空间来说，不论是室内，还是室外，一般的重点都占据一个重要的位置。这个位置可以在空间的中心位置上，也可以在其主要轴线上，有时可以在垂直的主立面上形成视觉中心。当然这并不意味着重点都要放在中心或轴线上，对于不规则的空间，也可选择相对的均衡点，或者偏置或孤立于其他要素的位置，也可以是线性序列或某种运动系列的终点安放重点要素。这样的设计，更能打破那种庄重的、纪念性的构图的死板，能更灵活、机动地创造充满情趣的空间氛围（图 4—22）。

2. 要素的造型

环境艺术空间的重点要素的造型对空间的整个效果影响很大，它既可以是二维的形象，如主立面上壁画或其他装饰物，有时也可以是三维的立体造型，如雕塑、构筑物、建筑、家具，甚至植物等。对于重点要素的处理，采用变异的手法，通过不规则的或具有强烈对比的造型，进一步加强其视觉上的冲击力。可将重点要素与空间正常的几何性或与空间中其他要素在方向性上形成对比，也可将次要的或从属的要素加以排列，以使人的注意力集中在重点要素上面。其目的在于打破空间整体造型的规律，使之更明显地对比于整体造型，有别于其他要素的造型，从而成为空间中的重点（图 4—23）。

**图 4—22　巴黎上空鸟瞰**

3. 要素的尺度

一般可以这样认为，夸张的尺度和超常的比例可使空间中重点要素更能引起人们的注意，而正常的尺度则很难吸引人的

**图 4—23 具有视觉冲击力的教堂内部设计**

注意力。夸张尺度和超常的比例能产生某种戏剧性的效果，它能使重点要素与其他要素形成鲜明的对比，但尺度的变化要把握好适当的“度”，处理好与环境的整体关系，否则不但不强调重点，反而使它与环境格格不入。因此，如何结合环境艺术的使用功能和空间特征，有效地把握好室内重点的尺度是能否充分体现空间整体要求的关键所在。

4. 要素的质感

所谓质感，是指空间中的重点要素在表面的质地特性或肌理上要与所属环境，其他诸要素有所差别。相对地说，就是要保持较大的质的差别。否则，光有位置等条件还是不足以形成趣味中心的，重点要素也不易从材质方面突现出来，同样的材质，但由于其表面肌理形式的不同，也会与周围环境产生差异，从而形成视觉冲击力。

5. 要素的色彩

色彩是所有艺术语言中最富表情的，通过色彩可以协调、渲染空间的整体效果和空间气氛（图 4—24）。环境中重点要素的色彩既可以与整体基调调和，也可以通过对比，使之与周围环境基调产生反差。这样，色彩能使环境中的重点要素更加突出，空间气氛也就营造得更加充分。

图 4—24　加烈布设计的凡尔赛宫中路易十五的寝室

6. 照明

在室内环境中，照明（尤其是人工照明）是创造环境氛围的有效手段，尤其是对重点部位的重点照明，能使之更加突出，区域感更强。作为照明这种手段，它一般都是从外界照射使重点突出，如壁画、雕塑或作为重点的一个区域造型等。作为装饰照明，在特殊的情况下，有时也可以让要素内部自身照明，使重点要素成为独立的发光体，如新加坡泛太平洋大厦中庭的红灯笼（图 4—25），作为室内的重点，就是靠自身的照明成为中庭的视觉中心。

7. 动态

在环境空间中，一般动态的东西比静态的要素更能引起人们

图 4—25　新加坡泛太平洋大厦中庭

的注意。因此有时对空间中的重点要素注入动态要素，不但有利于突出重点，而且还能满足人们对空间不同的精神要求和审美趣味。当然，并不是所有的重点要素都应该是动态的，要结合具体功能的要求和整体空间效果的需要，才能有效地选择空间中的重点应具有动态或是静态。

## 七　质感与肌理

建筑材料是我们创造环境的物质基础。由于材料本身的孔吸率、密实度和软硬度的不同，可形成不同的质感。所谓质感，就是指物体表面的质地特性作用于人眼等感觉器官所产生的感觉反应。即质地的粗细程度在视觉上的感受。虽然，质感一般是指触觉来说的，但是，由于人们的触觉和视觉长期协同实践，积累了丰富的经验，所以，一般情况下仅凭视觉也能体会到物体表面的质感，如金属、玻璃，它们质地紧密、表面光滑，有寒冷的感觉；木材、织物则明显是纤维结构，质地较疏松，导热性能低，有温暖的感觉；水磨石按石子、水泥的颜色和石子大小的配比不同，可形成各种花纹、色彩；粗糙的材料如砖、毛石、卵石等具有天然而淳朴的表现力。因而，由于材料的质地、纹理和色彩的不同，会给人以粗糙、细腻、轻重等不同的感觉，瓷砖、玻璃、金属和水磨石等有光泽的材料与表面晦暗的砖石、混凝土之间，以及经过加工，表面光洁、纹理细腻的石材与粗糙的水刷石、拉毛墙之间都可以产生对比作用。即使是同一种材料，由于处理的手段和方法不同，也会产生强烈的对比，比如磨光的石材与烧毛的石材。

材质是色和光呈现的基体，是环境艺术设计中不可缺少的主要元素，每种材料都有不同的质感。每种质感都具有与众不同的表情。熟练地掌握材料的性能、加工技术，合理有效地使用材料，充分发挥材料的性能，便可以创造出新的表现语言和艺术形式。

巴黎阿拉伯世界研究中心（图 4—26），是兼容阿拉伯文化与法兰西文化传统，建筑艺术与现代科学技术巧妙结合的典型

图 4—26　法国建筑师让·努维尔（Jean Nouvel）设计的巴黎阿拉伯世界研究中心

图 4—27　西塔里埃森工作室

例子。在建筑外立面的细部处理时，建筑师巧妙运用光这种特殊的“材质”，采用现代电子技术控制的金属瓣膜自动调光墙板，构成现代阿拉伯装饰构图的立面，在阳光的照射下，室内产生有节律的阴影变化，出现无穷无尽的生动的、光的旋律。弗兰克·劳埃德·赖特的西塔里埃森工作室（图 4—27）是一件采用了当地的材料，形式上与地貌一致，融于沙漠环境的旷世之作。走近西塔里埃森，迎面出现的是参差起伏，倾斜的毛石墙垛，砌筑粗犷，有如画家运用笔触那样给建筑增添了活力。层面上外露的红木曲梁，锯而未刨，木纹、节印、斧痕、钉迹历历在目。窗门形状无规则，有时甚至并不垂直。登阶入室，图书馆尽端为巨石堆成的峭壁，与室顶相遇处留了一段空隙，仰望可以观天。绿色挂藤、临风扶疏，峭壁下壁炉炉床下沉成池，每逢骤雨，悬崖流泉。正如建筑师自己所言：“美是上帝和大自然在相关的领域

中汇合。”（图 4—28）

质感可以分为两大类和三种形式：这两大类指发光的一类和不发光的一类，或称为光、麻两类。它们又分别分成粗、中、细三种质感形式。面对客观世界纷繁复杂的物质表面，我们是无法定量分析质感的粗、中、细程度的。但是我们可以将建筑材料的质感都看成相对关系，定性地进行分析，如水刷石相对于毛石就是细质感，如果与木材相比就是粗质感。如果用毛石、木材和磨光大理石三种相比较，那大理石就是细质感，毛石为粗质感，木材就是中质感了。又可以把质感分成三种调子，即粗调子质感、中调子质感和细调子质感三类。一般说来室外的公共构筑物工程，常采用粗质感调子，以显示它的耐风化、耐冲击和耐磨蚀的坚固性格。一般公共和民用建筑的室外装饰多数为中间质感调子，而室内装修多数为细质感调子。

**图 4—28　西塔里埃森工作室室内环境**

各种质感的调子都具有不同的表情。粗质感调子性格粗放，显得粗犷有力，表情倾向庄重、朴实、稳重。细质感的调子性格细腻，柔美，显得精细、华贵、轻快和活泼，表情倾向于欢快和轻松。中间质感调子，性格中庸，是两者的中间状态，但表情丰富，耐人寻味。

丹麦设计师克林特（Klint）指出："用正确的方法去处理正确的材料，才能以率真和美的方式去解决人类的需要。"因此，掌握各种材料的特性，加工技术，以及充分发挥它的性能，并结合具体环境具体运用，是创造有特色的、充满情趣的环境艺术的捷径。每种材料都有各自适合的艺术语言和表现形式，不要试图去让新的技术材料来模仿旧的艺术形式，迁就原有的审美习惯。贝聿铭先生在巴黎卢浮宫改造中使用钢网架和平板玻璃创造出来的、晶莹剔透的玻璃金字塔，为我们设计师做出了很好的表率。因循守旧毫无出路，创造、革新才是健康的发展方向。

此外，除材料的质感外，还有肌理。肌理有两方面的含义：一方面是指材料本身的自然纹理和人工制造过程中产生的工艺肌理，它使质感增加了装饰美的效果。另一方面是指构成环境的各要素之间所形成的一种富于韵律、协调统一的图案效果，如老北京四合院群在城市街区之中所形成一种大范围的肌理效果。这种肌理的形成，可以是一种材料，也可以是植物等自然要素，甚至是建筑物本身。不同的绿化方式会给人以不同的肌理感受，江南水乡小镇（图 4—29）与黄土高原上的窑洞也会给人不同的景观效果。

追求一种材料，或几种材料肌理的细微变化，在室内外环境的细部设计中是必不可少的手段。它不仅可以使统一、和谐的形式富于变化，充满情趣；它更可以通过肌理上的对比与反

**图 4—29　江南水乡小镇**

差，与环境中其他要素形成对比和视觉上的冲击力，从而成为空间中的中心或重点。肌理的规律性的变化，还能赋予形式以韵律和节奏，或间强间弱，或渐强抑或渐弱，给人心理上不同的感受，丰富环境空间的气氛。如北京旧城区，大部分为灰砖灰瓦的四合院建筑，它们与胡同、街道共同形成一种特殊的城市肌理，舒缓、平和（图 4—30）。而像故宫这样的皇家建筑，打破了四合院所形成的节奏和韵律，成为了一个重强音，从而成为整个城市空间的重点和中心。

**图 4—30　北京平安大街街景**

## 第三节　环境艺术设计的原则

人们一直在为自身寻找、创造“存在佳境”，环境艺术设计的目的旨在提供生存场所的合理创意和环境的适性整合，创造出一个既合乎自然发展规律，又合乎人文历史发展规律的，具有较高品质的生存空间。

回顾人类文明的发展史，可以看出人与环境之间关系的转变：从适应自然环境到改造自然环境再到人与自然环境互动。从现今人们所生活的聚居环境中可以看出环境艺术的发展，从被动潜意识的改善到主动积极的创造，从单一的功能需求到复杂的功能满足，从低层面的物质需要到高品质的精神追求。

科学技术的进步，带来了社会生产力前所未有的发展和社会财富的急剧增加。应该承认，科学技术给世界带来了巨大的变化，极大地方便了人们的生活，显而易见，人类文明进步也越来越快，人类生活的整体环境品质得到了提高。但随之而来的是我们从未遇见过的问题，不受人类活动影响的纯自然环境已不复存在，甚至人类把自己的手伸向漫无边际的太空，现今我们所见到的自然环境都是人化的、社会化的自然环境。城市聚落是人工创造的人类聚居环境，是最敏感的生态环境之一；城市中有人工的艺术创造，又有大自然的艺术创造。城市化地域范围兴建的大量建筑物和构筑物，桥梁、道路等交通设施等，尽管大都有积极的建设目的和动机，但是也无意之中打破了自然环境原有的平衡状态，需要在较高的层次上建立一个新的动态平衡。

英国诺丁汉大学学者布兰达和维尔在其合著的《绿色建筑——为可持续的未来而设计》一书中，曾忧心忡忡地指出："本质上说，城市是在地球这个行星上所产生的与自然最为不合的产物。尽管世界上的农业也改变了自然，然而它考虑了土壤、气候、人类生产和消费的可持续性，即它还是考虑自然系统的。城市则不然，城市没有考虑可持续的未来问题。……现代城市的支撑取决于世界范围的腹地所提供的生产和生活资料，而它的耗费却反馈到了环境，有时还污染到很大范围"①。虽然，科学技术的进步使人类改造自然的能力空前增长，填海造地，移山断河……然而却难以改造包括人类自身在内的生灵对环境的生物适应能力，例如，对环境污染的忍耐极限。因此在环境艺术的设计和创造中，必须对人类予以人文的、理性的关注，在关注人类社会自身发展的同时，也要重视自然环境和人文环境的发展规律，有意识地增进人与环境互动关系的良性循环，创造共生的环境艺术。因此在环境艺术设计中，必须要依据一些

① 转引自王建国：《生态要素与城市整体空间特色的形成和塑造》，载《建筑师》，1998（6）。

基本的原则。

## 一　尊重环境的自在性

环境是一个客观存在的自在体系，有其自身的特点和发展规律。人仍有其自然属性，同其他构成环境的要素一样，是环境的有机组成部分，是自然界进化发展的产物，他生活在这个系统中，并同这一系统共同发展。人类为其自身的生存和发展，可以利用环境，改造环境，创造环境，但人类绝对不是自然的主人，绝不可能对环境为所欲为。荀子认为："天行有常，不为尧存，不为桀亡。"

在当代，人类对环境的破坏已成事实，生存环境因人类的创造活动和经济行为而恶化，这只能通过人类的创造活动和经济行为来改善。面对人类生存环境的恶化和危机，我们必须要思考人类自身生存的安危和自身的根基，重新思考人与环境的关系，对人类社会文明的发展史进行反思，寻求一条适合现在社会发展的道路，使环境艺术设计走上一条良性循环的、可持续发展的轨道。

恩格斯指出："自然的历史和人的历史是相互制约的"。这不仅表现在对新的城市空间的设计上，也体现在古城、古建筑等历史文化遗迹的环境的保护更新上。总之，我们如果尊重了自然发展规律（包括自然环境和人造环境），人们就能从自然的恩赐和回馈受益，使城市建设及其空间特色的形成和塑造更加科学合理，历史城市得到更好的保护和有机更新，创造出独具特色的城市空间环境。反之，我们就会得到自然的报复和惩罚。

一位作家曾写道："我到过欧美的很多城市，美国的城市乏善可陈，欧洲的城市则很耐看。比方说，走到罗马城的街头，古罗马时期的竞技场和中世纪的城堡都在视野之内，这就使你感到置身于几个世纪的历史之中。走在巴黎的市中心，周围是漂亮的石头楼房，你可以在铁栅栏上看到几个世纪之前手工打出的精美花饰。英格兰的小城镇保留着过去的古朴风貌，在厚厚的草顶下面，悬挂出木制的啤酒馆招牌。我记忆中最漂亮的城市是德国的海德堡，有一座优美的石桥夹在内卡河上，河对岸的山上是海德堡的旧宫。可以与之相比的有英国剑桥大学，五六百年前的石头楼房，包围在常青藤的绿阴里——这种校舍不是任何现代建筑可比。比利时的小城市和荷兰的城市，都有无与伦比的优美之处，这种优美之处就是历史。相比之下，美国的城市很是庸俗，塞满了乱糟糟的现代建筑。他们自己都不爱看，到了夏天就跑到欧洲去度假——历史这东西，可不是想有就能有的。"①

中国很多极有特色的古城镇、文化遗迹，在历史的风吹雨打中逐渐褪色，丧失了原有的特点，而且逐渐被无情的建设之

① 王小波：《我的精神家园》，285 页，北京，文化艺术出版社，1997。

手把它们从我们的记忆中抹去。城市建设千篇一律，失去了原有的地域特色和文化特征。那位作家的意大利朋友告诉他：“除了脏一点，乱一点，北京很像一座美国的城市。”北京都如此，就更不用提其他的城市、村镇了。

中国人只注重写成文字的历史，而不重视保存在环境中的历史，一种文明、文化的解体往往不仅仅是由于自然的风吹雨打和新陈代谢的结果，更多的时候是由于人的自私和无知造成的。人类历史上的悲剧大都是人类自己造成的。而且，人文景观属于我们只有一次，假如你把它毁坏掉了，再重建起来就已不是那么回事了。历史不是可以随意捏造的东西。真正的古迹，即使是废墟，都是使人留恋的，你可以在其中体验到历史的沧桑，感觉到历史至今还活着，它甚至能使我们联想到我们不仅属于一代人，而更属于一族人。保护修缮是可以，但若要重建则得不偿失。“抹去了昨夜的故事，去收拾前夜的残梦。但是收拾来的又不是前夜残梦，只是今日的游戏。”①

因此，环境艺术设计，作为人类创造生活空间的活动，必须尊重自然环境和历史环境的客观规律，尊重环境，保护环境，这是现代环境艺术设计的前提，其他几个原则都是在这个前提下展开的。

① 余秋雨：《文明的碎片》，3页，沈阳，春风文艺出版社，1994。

## 二　发挥人的主体性

在信息化时代，“全球化”趋势、商品化和市场化社会、环境危机、情感危机的时代背景下，人们的需要越来越复杂，他们在迷茫困惑中寻求自己的感情寄托，或怀念古老的生活方式，追寻传统文脉；或向往充满人情味、装饰味的地方民俗，或崇尚返璞归真、讲求自然，或追求高度的工业技术文明。因此环境艺术设计出现了前所未有的繁荣景象。多元化的选择促使流派纷呈，但从中我们仍可以“嗅”到它们焕发出来的审美信息，并归纳出当代环境艺术的变化趋势：就建筑的审美价值而言，倾向于情理兼容的新的人文主义或激进的折衷主义；就建筑的审美重心而言，从客体（审美对象）转向主体（建筑的欣赏者）；就审美经验而言，从建筑师的自我意识转向社会公众的群体意识。在这些审美趋势的召唤下，具体到当代环境艺术设计上就是以人为中心，以心理需求的满足为重心。

环境，作为人类生存的空间，与人们的生活是息息相关的，环境的形成和存在的最终目的是为人提供生存和活动的场所。人是环境的主体，环境艺术设计的中心便是人。以往，环境艺术的设计只注重实体的创造，却忽视环境的主角——人的存在。设计师们的注意力全部集中在界面的处理上，而很少研究人的心理感受。然而人性的回归，使当代环境艺术不仅将环境中的实体要素作为研究对象，而且逐渐认识到环境的使用者——人。人们已不仅仅满足于物质条件方面的提高，精神生活的享受越来越成为人们的重要追求。环境艺术的发展也从人们基本的生理需求而转向更高层次的心理需求方面发展。环境艺术面对人类的种种需求，不得不最大限度地适应人们的生活，从而使环境艺术和当代人们的实际生活更加全方位的贴近。

对人的关怀是当代环境艺术设计中的重点，这促使环境艺术的审美重心从审美客体（环境艺术）转向审美主体（人），同时也促使研究审美的注意力从“美”转到“美感”上，并认识到在以人为主体的当代环境观下，人的生理、心理需求的满足构成了环境艺术审美的美感。相对于其他类别的艺术（如绘画、雕塑等），生理上的舒适是环境艺术美感的一大特点，这是其他艺术所难以比拟的，因而生理需求（健康要求，人体尺度要求等）的满足在环境艺术审美中具有远远超出其他艺术审美中的重要价值。但是，我们也应看到，任何艺术总是满足心理、精神的需求（“愉悦性”心理需求和“情思性”心理需求）为最高目的，尤其是在今天人们审美水平普遍提高的情况下，人们已不满足于环境艺术中的生理舒适快感，而将审美热情更多地倾注于从环境艺术中获得心理上的“幸福感”，更看重环境艺术中所蕴涵的文化意蕴、情感深度等，从中获得更慰人心的精神享受。

人的主体性是环境艺术设计的出发点和归宿。

## 三　建构环境的整体性

在人们的审美活动中，对一个事物或形象的把握，一般是通过对它整体效应的获得，人们对事物的认识过程是从整体到局部，然后再返回到整体，也就是说要认识事物的整体性。在这里，整体可以通过两个关键的词去理解：一是统一，二是自然。在整体的结构中，这二者合一。一个整体的结构按照自然原理构成，那就是结构的所有构成部分的和谐及整体的协调。这种结构的特性和各部分在形式和本质上都是一致的，它们的目标就是整体。

格式塔心理学为我们提供了关于整体的理论。格式塔（Gestart）的本意是“形”，但它并不是物的形状，或是物的表现形式，而指物在观察者心中形成的一个有高度组织水平的整体。因而，“整体”的概念是格式塔心理学的核心。它有两个特征：

其一，整体并不等于各个组成部分之和；

其二，整体在其各个组成部分的性质（大小、方向、位置等）均变的情况下，依然能够存在。

作为一种认知规律，格式塔理论使设计师重新反思整体和局部的关系。古典主义是建立在单一的格式塔之上，它要求局部完全服从于整体，并用模数、比例、尺度以及其他的形式美原则来协调局部和整体的关系。但是，格式塔理论还指出了另一条塑造更为复杂的整体之路：当局部呈现为不完全的形式时，会引起知觉中一种强烈追求完整的趋势（例如，轮廓上有缺口的图形，会被补足成为一个完整的连续整体）；局部的这种加强整体的作用，使之成为大整体中的小整体，或大整体的一个片断，能够加强、深化、丰富总体的意义。因此人们重新评价局部与整体，局部与局部之间的关系，重新认识局部在整体中的价值。

环境艺术作为一个系统、整体，是由许多具有不同功能的单元体组成的，每一种单元体在功能语义上都有一定的含义，这众多的功能体巧妙地衔接、组合，形成一个庞杂的体系——有机的整体，这就是环境的整体性。

环境艺术是由具体的设计要素构成的，如空间、自然要素、公共设施、陈设、家具、雕塑、光、色、质等。根据格式塔心理学，环境艺术最后给人的整体效果，绝不是各种要素简单、机械地累加，而是一个各要素相互补充、相互协调、相互加强的综合效应，强调的是整体的概念和各部分之间的有机联系。各组成部分是人的精神、情感的物质载体，它们一起协作，加强了环境的整体表现力，形成某种氛围，向人们传递信息，表达情感，进行对话，从而最大限度地满足人们的心理需求。因此，对于环境艺术的“美”的评判，在于构成环境艺术要素的整体效果，而不是各部分“个体美”的简单相加。“整体美”来自于各部分之间关系的和谐，当代环境艺术对“整体性”的追求，也就是环境艺术组成要素之间和谐关系的追求。

美国得克萨斯州爱尔文市威廉姆斯广场（图 4—31），是一个城市环境中的开放式空间。其中唯一的景观是位于广场中心的一组奔马雕像，主旨是表现西部开发的传统，其原型可以一直追溯到早期西班牙人美洲探险的历史，纪念他们将自己的生活方式带到西半球，奔马栩栩如生的形象，象征着得克萨斯现代文明的先驱者们的创业信念。这一环境的整体构想，是要通过富于个性的形象折射出特定场所与城市在文脉上的关系，同时又兼顾到广场自身的标志性。此环境处理的要点有二：一是要制造一个渲染烈马狂奔的环境；二是要点明奔马的历史史诗所发生的地点，即当地的气候特征与周围的地貌梗概。距广场不远有一处湖泊，因此水的引入便顺理成章，它可以使落地的马蹄“溅出”飞扬的水花，在形式上加强了奔马形式的合理性，而雕塑的背景，包括建筑饰面和地面铺装，均使用黄、褐色相间的花岗岩，借以暗示广阔而干涸的沙漠平原特征（图 4—32）。

图 4—31　美国得克萨斯州爱尔文市威廉姆斯广场（一）

图 4—32　美国得克萨斯州爱尔文市威廉姆斯广场（二）

从上面的这个实例中，可以充分地认识局部和整体的关系，给予两者同等的价值，要辩证地看待两者之间的关系，在实际创作中把握适当的“度”，即不能不重视，也不能过分重视。另外，我们还要以运动和变化的方式看待整体和局部，今天的空间变化比以往任何时候都要复杂、丰富，这种多层次、多角度的相互穿插、更迭，使得整体和局部之间的界限愈来愈模糊，在特定的条件下，局部可转化为整体，整体也可以转化为局部。

## 四　创建时空的连续性

环境艺术设计不同于雕塑、绘画、电影和音乐等纯欣赏的艺术，而是一种具有使用功能价值的空间艺术，而且具有各自的时代特征。

环境艺术的创造与形成，是自然环境与人文环境共同作用的结果。在人类征服自然，改造自然的过程中，逐渐形成了适合特定自然环境的环境艺术。首先与环境艺术相关的自然条件，如气候、地理环境、材料技术、物质条件等都具有决定性的意义。民居是历史上最早出现的建筑类型，它的环境艺术的形成和发展，在很大程度上受自然条件的影响，不同地域的民居在形态上有很大的差异，型制变化万千。北京的四合院、皖南的徽派民居、云南的干栏式建筑、西北的黄土窑洞、云南的土楼等都是适应自然的产物。

另一方面，随着技术的进步，人文因素（政治制度、意识形态、社会文化心理等）开始起到越来越重要的作用，而自然因素对环境艺术设计的制约相对减少。环境艺术是一个巨大的物质载体，人类文明发展史都在环境艺术中清晰地烙上了痕迹。即环境艺术的发展史在一定程度上来说，就是一部人类文明的发展史。环境艺术作为人类文明的载体，社会文明的新旧更替在环境艺术中必定会有所体现，因此环境艺术在形式上具有一定的时空连续性，与历史和未来相连接。

环境艺术的创造是一个不断完善与调整的过程，永远处于一个不断的新旧交替之中，使之成为一个动态的、开放的体系，处于变动之中。这种变动又是一种积累，其中既有古老的东西，又不断地产生新的事物，新旧共生于同一载体之中，相互融合，共同发展。

如北京天安门广场以其政治的、文化的和精神的巨大力量，每天吸引着无数的中外游人。它经过数十年的改进才形成现今的形象，它是逐步地完善起来的。可以毫不夸张地说，天安门广场的历史变迁其实就是一部近现代中国的发展史。在它的细微之处浓缩着中国数十年以来的风风雨雨，思想变迁和文化的发展。广场北侧，透过喷泉飞溅的迷蒙水雾，是在鲜花和绿草衬托下的色彩华丽、厚重的中国传统宫殿——故宫博物院；西侧，是庄严、带有民族传统形式的人民大会堂和一座西式新古典主义的中国银行；东侧，是宏伟的、带有民族传统形式的革命历史博物馆，与人民大会堂遥相呼应；南侧，是传统的前门箭楼；东南侧，是维修一新的西式旧前门火车站；中间是人民英雄纪念碑和毛主席纪念堂。这些修建于不同年代，风格迥异的建筑现实地存在于天安门广场这个环境中，新旧文化在这里延续，东西文化在这里碰撞。各种文化或多或少都有各自的存在和表现空间。

任何事物的发展都是在否定之否定的过程中实现，它不断地从体外吸取养分，促进自身的新陈代谢，有机更新。尤其是在文化的发展上，不管这些养分是自己主动吸收的，还是外界强加的，它都能改善自身的机能，促进自身的发展。

## 五　尊重民众意识

环境艺术的审美价值，已从“形式追随功能”的现代主义转向情理兼容的新人文主义；审美经验也从设计师的自我意识转向社会公众的群众意识。在现代主义运动前期，维也纳分离派的建筑师对待业主还像是粗暴的君主，使其惟命是从，密斯为了坚持自己的设计原则曾与业主争吵不休；而现在，建筑活动变成了消费时代消费品的一部分，它如同摆在货柜上的商品，人们可以根据自己的喜好任意选择。使用者积极参与，使当代的设计文化走向了更为民主的道路。

“公众参与”已不只是句漂亮的口号，它已渗入到我们的设计中。在不知不觉中，大众的口味已在引导着我们的设计方向，有时甚至起到支配的作用。在中国，公众参与的意识一般仅限于私人的空间中，参与公共环境艺术设计的意识还没有那么强烈。

20 世纪 80 年代，法国为 200 周年大庆扩建卢浮宫，贝聿铭先生受命进行扩建设计。方案一出台，引起了轩然大波，法国人，特别是巴黎人，都感到他们有责任对可能改变卢浮宫形象的扩建计划发表自己的意见。一时间，报纸上沸沸扬扬，人们津津乐道于发表自己的见解。《费加罗报》公布的一项调查表明，90%的巴黎人赞成对卢浮宫进行修复，而同样多的巴黎人反对建造金字塔。“金字塔战役”绝不仅是围绕卢浮宫进行的一场无关紧要的小争执，它变成了与法国文化的未来直接相关联的哲学大争辩。法国人不无自豪地把自己看做审美方面的仲裁员。全体巴黎人以法国人特有的孤傲认为，贝聿铭将要对新古典主义的巴黎那幢如诗如画的建筑物所作的改动绝不仅仅是一种侵扰；它是对法兰西民族精神，即法国特色的可怕的威胁。然而巴黎人最终还是承认了这个外国人所做的方案：“这个方案没有那种所谓‘现代主义玩意儿’的性格，恰恰相反，它是基于一个能完美地适应这样一个建筑群体的基本概念之上的东西。”

而我们的公众，在北京为迎接新中国成立50周年大庆而进行的大规模改造中，除了几位专业人士在较专业的杂志上发表了少得可怜的专业性评论文章，很少有人出来对设计品头论足，发表自己的看法。大多数人无暇顾及身外的环境，或匆匆忙忙，视而不见；或盲从于舆论的导向。王府井步行街的改造，平安大街的建设，西单文化广场，建国门内大街环境的设计，尽管令北京的市容极大地改观，但成功与否，还有待时间的检验和有识之士的评说。

环境艺术设计的意识民众性，是针对公共环境艺术设计提出的，尤其是针对中国目前的环境艺术设计现状。有多少个公共空间的环境艺术是公众真正参与的结果？大部分的环境艺术设计仍旧是个别人的喜好或某些领导意志的结果，这些空间往往脱离了它的最广大的所有者。我们必须意识到，公共环境的存在，是为大多数人服务的。在这里，大众是我们设计师的服务对象，无论是在室内环境中，还是在室外环境中，应力求与环境的最广大的所有者沟通，并为之服务。

另外，意识的民众性还有一个含义——雅俗共赏，即环境艺术的品质风格不仅为少数人所接受，还要被大多数人所欣赏，我们既要“阳春白雪”，也要“下里巴人”。

# 第 5 章

# 环境艺术设计的新视界

20 世纪 90 年代以来，我们这个时代已进入了一个取向多元化的新时代。在当代文化中，那种“回返”传统的大趋势已经是一种不可逆转的文化现象，回忆是一种稳重朴素的美学，是对传统的世俗化日常生活的新兴趣，也是对传统伦理的肯定和尊重。现在人们逐渐变得冷静和成熟起来，开始重新思考自身，如何为自己定位？今天所谓“解构主义”、“后现代主义”、“晚期现代主义”、“新古典主义”等已不再是设计必须关心和讨论的话题，当代设计更关切的是未来。

## 第一节　21 世纪的环境艺术

21 世纪环境艺术设计的宗旨是利用科学技术将艺术、人文、自然进行整合，创造出具有较高文化品位，合乎人性的生活空间。

回溯以往，为了满足人类的基本需求和享受，人们肆无忌惮地向大自然索取，使自然环境在很大程度上遭到了破坏，人类为求得自身的发展而付出惨重的代价。现在人们在自我反省下，认识到设计已不单单是解决人的生存问题，还必须顾及到自然环境，使人类的设计不仅能促进自身的发展，而且也能推动自然环境的改善和提高。

除了生态环境的保护，21 世纪的环境艺术设计还需要面对另一大课题，那就是科技的发展和应用。掌握更多的科技知识，就能抓住比别人更多的机会，获得更大的效益。科技在环境艺术设计中具有举足轻重的地位。

## 一　环境艺术设计的生态化

人类社会发展到今天，摆在面前的事实是近两百年来工业社会给人类带来巨大的财富，人类的生活方式也发生了全方位的变化。人类的社会价值观、文明形态都受到了影响。但工业化也极大地改造了人类赖以生存的自然环境，森林、生物物种、清洁的淡水和空气、可耕种的土地，这些人类生存的基本物质保障在急剧地减少，气候变暖、能源枯竭、垃圾遍地……如果按过去工业发展模式一味地发展下去，这个地球将不再是人类的乐园。现实问题迫使人类重新认真思考——今后应采取一种什么样的生活方式？是以破坏环境为代价来发展经济？还是注重科技进步，通过提高经济效益来寻求发展？作为一个从事环境艺术设计专业的设计师，我们必须对我们所从事的工作进行思考。

人是自然生态系统的有机组成部分，自然的要素与人有一种内在的和谐感。人不仅具有进行个人、家庭、社会的交往活动的社会属性，更具有亲近阳光、空气、水、绿化等要素的自然属性。自然环境是人类生存环境必不可少的组成部分。

然而，人类的主要生存环境，是以建筑群为特点的人工环境（图 5—1）。高楼拔地而起，大厦鳞次栉比，从而形成了钢筋混凝土建筑的森林。随着城市建筑向空间的扩张，林立的高楼，形成一道道人工悬崖和峡谷。城市是科学技术进步的结果，是人类文明的产物，但同时也带来了未预料到的后果，出现了人类文明的异化。人类改造自然建造了城市，同时也像把自己驯化成了动物；如同把马、牛、羊、猪、鸡、鸭等关在围栏和笼子里一样，人们也把自己围在人工化的城市里，离自然越来越远，于是，回归自然就成了一个现代人的梦想。

**图 5—1　西班牙建筑师波菲尔（R. Bofill）设计的巴黎瓦雷新城“宫殿、剧场和拱门”公寓群——一首钢筋、水泥、玻璃的交响曲**

随着人类对环境认识的深化，人们逐渐意识到环境中自然景观的重要，优美的风景、清新的空气既能提高工作效率，又可以改善人的精神生活，使人心旷神怡，得到美的感受。不论是城市建筑内部，还是建筑外部的绿地和绿地空间，不论是私人住宅，还是公共环境的优雅、丰富的自然景观，天长日久都可以给人重要的影响。因此，在满足了人们对环境的基本需求后，高楼大厦已不再是环境美的追求。现在，人们正在不遗余力地把自然界中的植物、水体、山石等引入到环境艺术中来，在人类生存的空间中进行自然景观再创造。在科学技术如此发达的今天，使人们在生存空间中最大限度地接近自然成为可能。

环境艺术中的自然景观设计具有多种功能，主要可以归纳为生态功能、心理功能、美学功能和建造功能几种。生态功能主要是针对绿色植物和水体而言的，在环境中它们能够净化空气，为人们提供新鲜的空气，调节气温湿度，降低环境噪音等，从而成为较理想的生态环境。环境中自然景观的心理作用正在日益受到人们的重视。人们发现环境中的自然景观可以使人获得回归自然的感觉，使人紧张的神经得到松弛，人的情绪得到调解；同时还能激发人们的某些认知心理，使之获得相应的认知快感。至于自然景观的审美功能，早已为人们所熟识，它常常是人们的审美对象，使人获得美的享受与体味；与此同时，自然景观也常用来对环境进行美化和装饰，以提高环境的视觉质量，起到空间的限定和联系的作用，发挥它的建造功能，而且这种功能与实体建筑构件相比，常常显得有生气，更有变化，更有魅力，更有人情味。

在办公空间的设计中，“景观办公室”成为时下流行的办公室设计风格（图 5—2）。它一改枯燥、毫无生气的氛围，逐渐被充满人情味和人文关怀的环境所取代，根据交通流线、工作流程、工作关系等自由地布置办公家具，室内充满了绿化。办公室改变了传统的拘谨、家具布置僵硬、单调僵化的状态，营造出更加融洽轻松、友好互助的氛围，更像在家中一样轻松自如。“景观办公室”不再有旧有的压抑感和紧张气氛，而令人愉悦舒心，这无疑减少了工作中的疲劳，大大地提高了工作效率，促进了人际沟通和信息交流，激发了积极乐观的工作态度，使办公空间洋溢着一股活力，减轻现代人工作上的压力。

**图5—2 Asia On Line (HK) 总公司办公室一角**（香港中环国际金融中心）

以前的广场都是那种铺地面积较大，人工手段较多，绿化等自然要素较少而看起来干干巴巴的空间，现在则逐渐为那种考虑到人们休憩交往的需要、重视自然景观、比较有人情味的广场设计所取代（图5—3）。

在室内环境创造中，共享空间可以说是以各种手法创造室内自然环境的集大成者。共享空间是一种生态的空间，它把自然光线、绿化等自然要素最大限度地引入到室内设计中来，为人们提供了室内自然环境，使人们在室内最大限度地接触自然，满足了人们对自然的向往之情（图 5—4）。

**图 5—3　国外某居住区内生活广场**

**图 5—4　美国建筑师约翰·波特曼设计的美国旧金山海特摄政旅馆中庭**

另外，我们在建造中所使用的一部分材料和设备，如涂料、油漆和空调等，都在不同程度地散发着污染环境的有害物质。无公害的、健康型的、绿色建筑材料的开发是当务之急。环境质量研究表明：用于室内装修的一些装饰材料在施工和使用过程中确实散发着有害的气体和物质污染空气，导致各种疾病，影响健康。

因此，绿色建材的开发迫在眉睫，它将会逐步取代传统的建材而成建筑材料市场的主流，才能既改善环境质量，又能提高生活品质，给人们提供一个清洁、优雅的环境艺术空间，保证人们健康、安全地生活，使经济效益、社会效益、环境效益达到高度的统一。

综上所述，21 世纪的环境艺术设计必须生态化，这种生态化包含两方面内容：一是设计师必须要有环保意识，尽可能多地节约自然资源，少制造垃圾（广义上的垃圾）；二是设计师要尽可能地创造生态环境，让人类最大限度地接近自然。这也就是我们时常说的绿色设计。

## 二　环境艺术设计的科技化

20 世纪科技的迅速发展，使环境艺术的创作处于前所未有的新局面。新技术极大地丰富了环境艺术的表现力和感染力，创造出了新的艺术形式，尤其新型建筑材料和建造技术的采用，丰富了环境艺术的创作，为环境艺术形象的创造提供了多种可能性。

在当代，媒体革命已成为一个实际的、令人无法回避的现实。信息高速公路遍布全球，世界各地的电子网络正在改变着社会经济、信息体系、娱乐行业以及人们的生活和工作方式。计算机技术和电视技术互融互通开创了未来世界的黄金领域——互联网多媒体服务。这一充满活力与生机的新市场引起了建筑师和室内设计师积极而广泛的响应。

1994年美国出版的《电脑空间与美国梦想》中认为："电脑空间的开始意味着公众机构式的现代生活和官僚组织的结束。"未来公司的工作程序和组织程序也变得越来越虚拟化，他们的生存与运作取决于电脑软件和国际互联网，而非那些实用主义的、规范的建筑环境构架，多维联系已超过了空间关系。

传统的行政体系的衰落使工作场所有了新的界定，雇员们成了"办公室游牧族"。在美国的齐亚特/戴伊（Chiat/Day）广告公司的分部里，便携式电脑台、各式电源插座都在静候着公司的游动工作人员（图5—5）。世界电脑巨头国际商用机械公司（IBM）现在仍为其半数的员工保留固定的办公单位，但在将来，公司计划

**图5—5　TBWA齐亚特/戴伊广告公司办公室**

仅留 20%的员工在办公室里。

（一）科技发展对环境艺术设计的影响

科技的发展极大地影响、改变着我们的设计观念。智能化的设计手段，智能化的环境空间已逐渐渗入到我们现在的工作和生活中。科技的进步将会主宰未来的环境艺术设计。具体而言，科技化是通过以下两个方面来实现的：

1. 以计算机、多媒体作为环境艺术设计的工具

对于设计师们来说，计算机辅助设计系统的运用，确实令他们如虎添翼。在计算机上，可以建立几何模型，创造高度复杂的空间形式；而且还能使他们随心所欲地计算和描述，以及进行几乎任何风格的创造性试验，这些都丰富了设计师的想象力和创造力。组合的模拟程序使设计师能够准确调整供暖和照明系统以及其他技术设备系统，以获得理想的或预期的效果，设计师可以全方位地把握设计。另外，设计师可以通过电子网络技术，与业主及厂家及时沟通，提高工作效率和设计质量。

2. 新型建筑技术和建筑材料的广泛应用

随着科技的发展，建筑技术不断进步，新型建筑材料层出不穷，为设计师们的设计提供了更为坚实的物质基础。当然一种新的建筑技术和材料面世时，人们对它还不很熟悉，总要用它去借鉴甚至模仿常见的形式。随着人们对新技术和新材料性

能的掌握，就会逐渐抛弃旧的形式和风格，创造出与之相适应的新的形式和风格。即使是同一种技术和材料，到了不同设计师的手中，也会有不同的性格和表情。比如，粗野主义暴露的钢筋混凝土在施工中留下的痕迹，在勒·柯布西埃的手中显得粗犷、豪放（图 5—6）；而到了日本建筑师安藤忠雄的手中，则变得精巧、细腻（图 5—7）。

**图 5—6　勒·柯布西埃的朗香教堂外檐口的水泥痕迹**

**图 5—7　日本建筑师安藤忠雄的陶板名画庭的混凝土墙面上模板的痕迹**

（二）环境艺术设计科技化的体现

科学技术发展的另一个结果就是社会发展的国际化，从而带来了环境艺术材料、构件生产的产业化。而产业化的结果是大量的标准化、规格化的产品的制造，建筑材料、构件、装修材料，以及家具等陈设品，都将高度的产业化。科技的进步使任何一种构件的精密生产都成为可能，因此，这可以极大地改变我们现有的施工现状，改现场施工成为场外加工，现场装配。施工现场不再是我们今天的木工、油工、瓦工、电工等一齐拥入，电锯、电锤等声音齐鸣，烟尘飞舞，刺鼻的气味弥漫空中，秩序混乱，代之以清洁整齐、快速高效的施工场面。

德国建筑评论家曼弗莱德·赛克（Manfred Sack）曾说过："技术它成为建筑构造学的亲密伙伴"①。环境艺术的发展要依赖技术，然而由于种种原因，当代中国的环境艺术设计及其建造技术依然停留在较为传统的方式上。设计师一般倾心于形式上的推敲，很少研究新的技术给我们环境艺术设计的发展带来的机遇和可能性。当然过分强调技术，一味地追求技术上的先进，那就是舍本逐末了。我们追求的是将环境艺术的科技化建立在技术生态主义基础之上。全面地看待技术在环境营造中的作用，并且关注技术与人文、技术与经济、技术与社会、技术与生态

① 转引自奥托·李瓦尔特：《智能空间》，9 页。

等各种矛盾和关系，进行综合分析，因地制宜地确立科学技术在环境艺术创造中的地位，探索其发展趋势，积极、有效地推进技术发展，以求得最大的经济效益、社会效益和环境效益。

环境艺术设计的科技化是通过以下几个方面体现出来的：

1. 信息化

目前，我们所拥有的国外设计信息和资料，有许多都是过时的，落后的资料信息妨碍了我们迅速与国外同行甚至国内同行间的交流和联系，使我们还处于一种相对封闭的状态。这必然影响我们设计国际化和专业化的发展。

2. 国际化

事实上，国外建筑师、设计师参与我国的设计已相当普遍，这种趋势已不可逆转。而且，只有通过国际化才能缩小我们与发达国家之间的差距，以便与国际沟通。

3. 电脑化

目前，大部分设计师依然习惯用手绘图，而且计算机绘图在短期内也不可能完全替代人手的绘图，但是，信息交流，设计师、业主、厂家之间的相互沟通，计算机则可以大大地提高工作效率，也大大降低了信息传递的误差。另外，电脑还可以控制所有的建筑技术功能，包括室内气温调节，供暖、防晒和照明，最大限度地减少能量消耗，最大限度地发挥建筑的经济和生态效应。

4. 制度化

建筑法、城市规划法、环境保护法、消防法等都是与环境艺术设计相关的法规，但是缺少环境艺术设计的专业法规。一旦环境艺术设计制度化，就可以规范这个行业，改变混乱不堪的设计和施工现状，并大大提高创作和设计质量。

5. 施工现代化

我们现有的施工技术，还是比较传统和落后的，已不适应当今社会的发展。我们必须发展适应当时、当地条件的“适用技术”。所谓适用技术，简而言之就是能够适应本国本地条件，发挥最大效益的多种技术。就我国目前的情况而言，适用技术包括先进技术，也包括“中间”技术以及稍加改进的传统技术。也就是有选择地把国外先进技术与中国实际相结合，运用、消化、转化，推动国内环境艺术设计和实施技术的进步，将国内行之有效的传统技术用现代科技加以研究提高。既要防止片面强调先进技术而忽视传统技术；又要杜绝抱残守缺，轻视先进技术，而不去作全面的研究和探索，过分地依赖传统技术。

## 第二节　环境艺术设计的时代精神与民族化

20世纪80年代，人们追求“现代”的渴望空前高涨，“赶超”的冲动弥漫于整个社会。一时间，传统的文化和规范受到极大的冲击，人们向往科学、丰裕、文明、工业化。许多发展中国家，以西方发达国家的发展模式来设计和发展自己的经济，人们照搬照抄西方的生活方式，其结果往往以失败告终，这已从90年代末东南亚地区的经济危机得到证实。人们不但没有得到什么，而且还失去了很多。然而国际化和产业化又是我们无法逃避的现实，在经过徘徊和失落之后，开始把注意力转向社会的主体，考虑自身的发展，在追求现代化的同时，重新开始用理性的眼光去寻找那被久久淡忘的传统文化，认识到任何发展和文明的进步都不能够以淡漠历史、忘却传统为代价，“现代化”应该是在传统文化基础之上的现代化。

### 一　民族化与本土化

进入20世纪90年代后，全球的文化格局发生了巨大的转变，但就总体而言，世界的“全球化”与“本土化”的双向发展已成为当今世界的基本走向。一方面，第一世界的跨国资本，在全球文化中发挥着巨大的作用。文化工业与大众传媒的国际化进程以不可阻挡的速度进行着，世界真正成了人们所谓的“地球村”。原有的世界性意识形态的对立似乎已经消失在一片迷离恍惚之中，消费的世俗神话似乎已经演变成了支配性的价值。因此，西方富有社会所特有的知识、技能、美学趣味，以及处世之道等传播到世界各地，并占据统治地位，其结果，使世界非地方化，经济和文化方面的世界性日益增强。这导致我们的外部世界越来越相似。

另一方面，世界的“全球化”带来了“本土化”；但“本土化”并不意味着对“现代化”设计的全面否认，而是对后工业社会的选择。它提供了一条新的可能的选择，一条民族自我发现和自我认证的新道路。面对不断发展的世界化、面对使个体和集体精神状态统一化的压力，个性觉醒是一种压倒一切的需要，即对特性需要的表现。因此，以“现代化”为基础的民族文化特性以巨大的力量，带着复杂的历史、文化、政治、宗教的背景席卷而来，在那些处于发达资本主义社会之外的民族社会中发挥着越来越巨大的作用。人们更加珍视从传统内部衍生出来的东西，有意识表现自己的独特性，越来越有目的地发展地区文化，追求区域特性、地方特色、民族文化。人们认识到“越是民族的，越是世界的”，“越有个性，就越有普遍性”，这是一种文化反弹现象。

21 世纪的环境艺术设计作为一种文化，尤其是建筑文化的一部分，必然会同其他文化一样有回归、反弹的现象，这就是环境艺术设计的本土化，环境艺术设计的本土化是世界文化发展的必然结果。

其实，基于本土文化的地区主义的创作思想起源甚早，最早是由 L. 孟德福在国际主义风格泛滥的年代力排众议提出来的。这是最早的地区主义创作理论，可在当时并没有引起人们的注意。20 世纪 70 年代以后，《没有建筑师的建筑》一书问世，在整个设计界引起极大的反响。不但已经被忽略的地区主义设计被重新发掘出来，而且，有些从事“地区主义”创作的设计师也重新引起人们的重视，人们对他们所做的工作进行重新评价，其中最有代表性的人物是芬兰的建筑师阿尔瓦·奥托（Alvar Alto）。他的创作，不仅具有国际主义的语言，而且也表现出人文主义、地区主义的特质。

无论是在建筑设计领域中，还是在环境艺术设计领域中，设计的民族性和地方性一直是两个重要的话题。但是，近年来这两个问题都在逐渐淡化。究其根本，是因为民族性在淡化，地方文化和情态在淡化。这种淡化有其客观原因，一方面随着社会文化交往的加强，科学技术的进步，使世界文化中存在着“文化趋同”的现象。环境艺术是一种具有使用目的性和艺术欣赏性统一的客观存在，存在于特定地区的自然环境和社会环境中，这些自然和社会的要素，也必然会给建筑形式和环境艺术形态予以限定，形成独具特质的乡土性的设计文化。因此，环境艺术设计作为一种文化，是具有地域性的，它应该反映出不同地区的风俗人情、地貌特征、气候等自然条件的差异，以及异质的文化内涵。

面对当前国内环境艺术设计领域混乱的局面，重新提出地区主义设计和设计本土化的概念是有意义的，而且是必要的。芬兰的一位女建筑师说："下一届的国际式是文化与地区的特色"。因此，作为设计师，不但应该研究世界各地建筑文化、地区建筑文化，而且应该在设计创造作实践中，自觉地、有目的地追求地域性、地方特色，继承并发展地区文化。

在文化交流，科技进步带来的"文化趋同"的趋势下，探索设计的地区主义是非常艰辛的，需要设计师们付出很大的努力。这种探索不是由一代人、两代人能够完成的，而且有可能永远探索下去，因为文明是不断进步，社会是不断发展的，而且设计也只能在延续中得到发展。其实，这种探索很早就开始了，而且从未间断过，不过从来没有像现在这样引起人们的重视。从事这种探索的设计师们的作品虽然质朴无华，但都蕴涵着伟大的洞察力和深邃的思想，洋溢着浓郁的传统色彩。例如，芬兰的建筑师阿尔瓦·奥托（Alvar Alto）、印度的建筑师查尔斯·柯里亚（Charles Correa），以及埃及的建筑师 H. 法塞（H. Fathy）等人就是典型代表。

奥托在探索地方主义设计方面的历史性贡献在于平衡新旧之间的关系，对照自然和工艺，并结合人类的行为、自然的环境以及建筑三者，以自身的设计时间证明了区域特色的追求与现代化并不相悖。这不仅表现在建筑设计和环境艺术设计中，而且还表现在家具设计中。在家具设计中，他将区域色彩融进机械制造的过程中，使他设计的家具，不仅具有地方特色，而且具有时代感（图 5—8）。

别墅入口门厅

别墅餐厅

别墅门厅通向入口的隔断

**图 5—8　奥托的卡雷别墅**

柯里亚，不仅把印度建筑中的传统构图形式——网格上单元的自然生长方式带到设计当中来，而且强调建筑空间形态的设计必须尊重当地的气候条件。他把传统的色彩和装饰大量地融入到现代建筑空间中。他把设计完全同当地的自然环境（地理、气候等因素）和社会环境（色彩、装饰等因素）融合起来，创作了大量的具有印度传统色彩的作品。他认为建筑师要研究生活模式，探讨了适合印度地理、经济与文化的建筑。由于柯里亚的卓越贡献，1983 年获得英国皇家建筑师学会金奖（图 5—9）。

建筑外环境

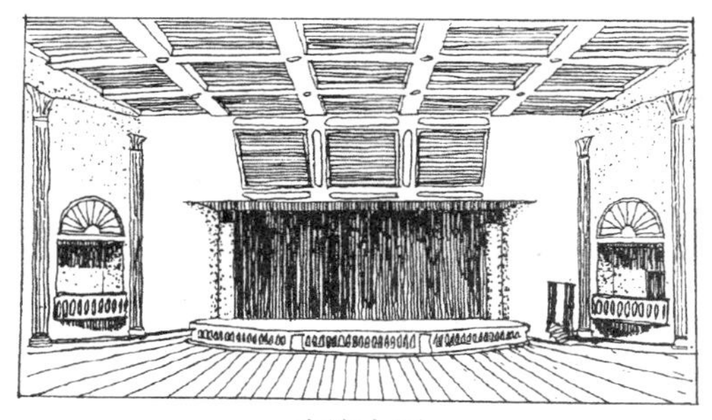

表演大厅

**图 5—9　柯里亚的果阿帕纳吉表演艺术中心**

法塞对乡土建筑文化的发展做出了巨大的贡献。法塞发现，由于人口的剧增和技术的进步，新技术在建筑业得到了发展并取得了利润，而同时则导致传统技术的衰落和老匠人的散失。事实上，广大地区无力采用新技术，从而居住问题更为严重。法塞致力于住宅建设工作，重新探索地方建造方式的根源。他训练当地的社区成员，同时作为建筑师、艺匠，自己动手，建筑适合自己的居住环境。在他的工作中，给予地方文化以应有的地位。一般人设计穷人的房屋只是基于一种人道主义的心情，忽视了美观，甚至否定了视觉艺术，而对法塞来说，即使是粗陋的泥土做成的拱或穹隆，也要使之具有艺术的魅力。他“在东方与西方、高技术与低技术、贫与富、质朴与精巧、城市与乡村、过去与现在之间架起了非凡的桥梁”。柯里亚称他为“这一世纪真正伟大的建筑师之一”。正由于他“为穷人的建筑”的重要贡献，1983 年得到国际建筑师协会授予的金质奖章（图 5—10）。

**图 5—10　法塞设计的新高玛村**

像奥托、柯里亚、法塞这样的设计师，他们兢兢业业，孜孜以求，为探索建筑设计和环境艺术设计的民族化和地方化提供了很多宝贵的经验，归纳起来，大致有以下几个方面：

（1）树立自信心，破除对西方中心论的迷信。在经过了盲从的急躁和丧失自我的痛苦后，中国设计师开始自我反思，认识到“现代化”并不应该是对西方模式的全面认同，而应该是对后工业社会文明的新的选择，选择一条自我发现和自我认证的新道路。柯里亚曾经说过，如果现代主义建筑是在印度的传统建筑的基础上发展起来的话，那么它就不会是今天这种模样，而完全是另外一个样子。所以，我们的设计师必须对自己的国家、民族的传统充满信心，不再盲目地追逐西方的设计模式。

（2）对世界各地文化进行比较研究。既要知己，也要知彼，这就是说我们不但要研究自己民族的传统文化，而且还要研究其他一切外来文化。只有这样，我们才能真正地了解世界，正确地认识自己，研究自己，发展自己，博采众长，融会贯通。

（3）必须立足于本民族的传统文化之上，对外来文化兼收并蓄，摆脱对民族文化的庸俗理解和模仿，立足于国情、民情，立足于人的基本需求和生活方式。由于西方文化的广泛影响，我们的设计师学习了很多，也包括其中的一部分精华，但是由于对自己民族的传统文化研究不够，有的甚至根本不研究，因此设计成了无源之水，无本之木。这种知彼不知己的情形，导致设计中的历史虚无主义。

（4）设计必须现代化。对待传统文化，我们不仅要继承，而且要发展，要创造。只有创造性地继承，传统文化才会有生命力，而且也只有这样，才能适应不断发展的科学技术和社会生产力，才能适应已经变化了的国情、民情，满足人们的基本需求。

创造有文化价值的环境艺术空间，是我们设计师责无旁贷的历史责任。尤其是在当前的文化多元共存之中，如何在环境艺术设计中体现出我们自己本民族的特色，如何营造体现地方特征及风俗习惯的环境艺术空间，是需要我们付出气力去研究的。现在，我们不仅有外国设计师的经验，而且还有很多实践的机会，这样，我们就会少走弯路，探索出适合中国国情、能够体现地方特色的环境艺术设计创作方法，发展我国的环境艺术设计事业。

## 二　环境艺术设计的时代精神

20 世纪 90 年代，我们处在一个文化转型的时代，它表现出两个特征，即市场化和消费化。现时代是一个市场与消费的时代，人们共同消费，共同分享信息，这就导致了消费的同化。“人们按照广告去娱乐、去嬉戏、去行动和消费、去爱和恨别人所爱和所恨的大多数现行需要……”（马尔库塞语）这导致了生活标准同化、愿望同化、活动的同化。这些现象共同构成了消费时代的消费文化。消费文化的特点在于波及面广、变化无常。

建筑设计和环境艺术设计逐渐变成了消费的一个重要组成部分，建筑对人们来讲，如同摆在货架上的商品一样，人们可以根据自己的意愿和喜好选择设计的形式和风格。这样，环境艺术设计的各种风格、各种流派的共同存在成为必然。但是，这风格、流派并不是毫无条件、毫无差异地共存，其中必定蕴藏着一种潜在的、最具生命力的、起支配作用的东西，这就是时代精神，时代精神支配着多元化的发展方向。

意大利建筑师和建筑理论家维特鲁威在《建筑十书》中，提出建筑最基本的特征是坚固、实用、美观。现在经济技术的进步使建筑的安全已不再成为主要矛盾，“实用”与“美观”，或者说“理性”与“情感”变成了主要矛盾的对立双方，二者间的矛盾贯穿于建筑发展的始终，这不仅仅是环境艺术设计中的矛盾，在更深层的意义上来讲，这是我们意识形态中的矛盾，实用价值与美学价值，科学技术与文化艺术之间的矛盾。

环境艺术，它的形式和风格总是要反映人们的审美习惯，不同时代、民族、地域的人，不同社会地位、年龄的人，不同知识结构、文化修养的人，有着不同甚至迥异的审美习惯。但是，不管这些审美习惯在感觉上多么不同，在它们的深层总有一种相同的东西。因为，人们的审美习惯不是凭空而来的，它是时代文化思潮的一部分，总是或多或少地反映出时代的精神特征。

任何艺术作品（包括环境艺术）都是时代发展和文明进步的产物。不同的文明会产生不同的艺术，每个时期的文明必然产生其特有的艺术，而且是无法重复的。康定斯基说："试图复活过去的艺术原则，至多产生一些犹如流产婴儿的艺术作品"。我们不可能像古希腊、古罗马人一样地生活和感受，因此那些效仿希腊艺术规则的人仅仅获取了一种形式上的相似，虽然这些作品也会一直流传于世，但它们永远没有灵魂。密斯说："要赋予建筑以形式，只能是赋予今天的形式，而不应是昨天的，只有这样的建筑才有创造性。"

然而，令人遗憾的是，在新思潮的冲击和人为因素的影响下，出现了一些似是而非、不求甚解、浅薄空泛、表面平庸，甚至无可奈何的环境艺术设计作品。这些作品，或诚惶诚恐地拜倒在古人古法面前，或毕恭毕敬地生搬硬套洋人的东西，空间混乱，理念不清，细部简陋粗糙；或不分场合，牵强附会地使用缺乏内涵的"符号"，矫揉造作，附庸风雅，去满足市侩猎奇的喜好或遵命于"长官"的意志。形成一种与时代精神相悖的、病态的、无序的多元化。

时代精神是在民族文化背景下展现出来的时代精神。民族文化是"随小孩子吃妈妈的奶的同时就把它吃进肚子里去了"的无形的东西，不管你是有意识，还是无意识，这种东西都会在我们的头脑中根深蒂固、挥之不去，民族文化是历史上时代更新的风雨无法冲刷掉的。丹纳说："只要把历史上的某个时代和现代的情形比较一下，就可发现尽管有些明显的变化，民族的本质依然故我。"

无论地理环境怎样差异，血统如何不同，人们总会显示出某些相似的思想感情倾向，人类的文化总是具有共同的本质，这种本质也就是我们在设计中所要追求的。

登高远望，纵观历史的长河，青山遮不住，毕竟东流去，前进、革新应是人类发展的健康方向，多元化只是时代精神的表象和手段，时代精神才是本质和目的。

# 主要参考书目


1. The History of Interior Decorati，Charles McCorquod ale. Phaidan Press Limiteal
2. [英] 帕瑞克・纽金斯. 顾孟潮等译. 世界建筑艺术史. 合肥：安徽科学技术出版社，1990
3. [英] 罗宾・米德尔顿、戴维・沃特金. 徐铁城等译. 新古典主义与19世纪建筑. 北京：中国建筑工业出版社，2000
4. [意] 曼弗雷多・塔夫里、弗朗切斯科・达尔科. 刘先觉等译. 现代建筑. 北京：中国建筑工业出版社，1999
5. [美] P. 戈德伯格. 黄新范等译. 后现代时期的建筑设计. 天津：天津科学技术出版社，1987
6. [英] 彼得・柯林斯. 英若聪译. 现代建筑思想的演变. 北京：中国建筑工业出版社，1987
7. 何镇强、张石红编著. 中外历代家具风格. 郑州：河南科学技术出版社，1998

8. ［英］比尔．里斯贝罗．羌苑等译．现代建筑与设计．北京：中国建筑工业出版社，1999
9. 王贵祥．东西方的建筑空间．北京：中国建筑工业出版社，1998
10. ［英］肯尼思·弗兰姆普敦．原山等译．现代建筑——一部批判的历史．北京：中国建筑工业出版社，1988
11. 朱伯雄主编．世界美术史（第十卷，上下册）．济南：山东美术出版社，1991
12. 王世襄．明式家具研究．北京：三联书店，1995
13. 田家青．清代家具．北京：三联书店，1995
14. 张绮曼主编．环境艺术设计与理论．北京：中国建筑工业出版社，1996
15. 刘敦桢主编．中国古代建筑史．北京：中国建筑工业出版社，1984
16. ［英］罗杰·斯克鲁登．刘先觉译．建筑美学．北京：中国建筑工业出版社，1992
17. 吴良镛．广义建筑学．北京：清华大学出版社，1989
18. 陈志华．外国建筑史（19 世纪末叶以前）．北京：中国建筑工业出版社，1992
19. 吴焕加．20 世纪西方建筑史．郑州：河南科学技术出版社，1998

# 后　记

20 世纪 80 年代开始的改革开放，使中国社会的政治经济等方面都发生了巨大的变化，经济的蓬勃发展，导致人们生活环境的改善和生活质量的提高，因此，环境艺术设计日益成为与广大人民群众生活密切相关的一种设计活动，并以前所未有的发展速度和不断变革，成为时尚的潮流。在今天，改善生活环境、提高生活质量几乎成为人们的共同目标，而环境艺术设计则是实现这一目标的具体手段和工具。

与遍及全国城乡的大规模建设和装修不相适应的是，我们对环境艺术设计还知之甚少，相当多的人在进行住宅装修时，不仅缺少自己的主见，提不出有价值有意义的要求，也不具备必要的知识和审美素质。因此，我们力图从理论和实践方面对环境艺术的基本性质、特点、范畴和具体的操作要求进行探讨和表述，并通过中外环境艺术设计历史的简述，提供有益的启示。从而，一方面帮助我们了解环境艺术发展的历史，增加这方面的知识；另一方面对于提高审美修养和艺术鉴赏力有所帮助。

本书和它的姊妹篇《雅室·艺境》的作者都是从事环境艺术设计的专业设计师，都具有专业研究生的学历，在设计工作中他们注重对环境艺术设计理论的思考，两书可以说是他们的积极探索的成果。具体写作分工是：

《空间的灵性》：

李瑞君，第1、4、5章；

张石红，第2、3章。

《雅室·艺境》：

梁　冰，第5章第一节至第四节；

李砚祖，第5章第五节；

李瑞君、涂山、张石红、江坚合作撰写了第1、2、3、4章；

江坚为这几章的撰写提供了有关翻译资料。

两书由主编李砚祖修改统稿。

两书从拟写大纲到最终完成经历了数年时间，除作者工作忙等原因外，撰写的难度大也是其中一个原因。我国的环境艺术有悠久的历史，在20世纪80年代改革开放以后，进入一个新的发展阶段，设计实践面广量大，有许多佳作杰构，但其理论研究的著作却十分缺乏。撰写这本既包括一定理论又包含设计史内容的著述难度是比较大的。在此，需要说明的是，关于国外设计史的部分，主要参照和引用了国外关于室内设计史的著述，尤其以查尔斯·麦克奎戴尔著述的《室内装饰史》为主要资料来源。在国内相关资料或缺的情况下作一初步介绍，只能是聊胜于无吧。但限于水平，其翻译引用仍多有舛误，全书因分工写作，虽经统稿，但仍不尽如人意，恳请大家批评指正，以便今后能修改得好一些。

李砚祖

**图书在版编目（CIP）数据**

空间的灵性：环境艺术设计/李砚祖主编；李瑞君，张石红编著.
—北京：中国人民大学出版社，2017.7
（明德书系．艺术坊）
ISBN 978-7-300-24674-1

Ⅰ.①空… Ⅱ.①李…②李…③张… Ⅲ.①环境设计-研究 Ⅳ.①TU-856

中国版本图书馆 CIP 数据核字（2017）第 168317 号

明德书系·艺术坊
**空间的灵性：环境艺术设计**
李砚祖　主编
李瑞君　张石红　编著
Kongjian de Lingxing：Huanjing Yishu Sheji

| | | | |
|---|---|---|---|
| **出版发行** | 中国人民大学出版社 | | |
| **社　　址** | 北京中关村大街 31 号 | **邮政编码** | 100080 |
| **电　　话** | 010－62511242（总编室） | | 010－62511770（质管部） |
| | 010－82501766（邮购部） | | 010－62514148（门市部） |
| | 010－62515195（发行公司） | | 010－62515275（盗版举报） |
| **网　　址** | http：//www. crup. com. cn | | |
| | http：//www. ttrnet. com(人大教研网） | | |
| **经　　销** | 新华书店 | | |
| **印　　刷** | 涿州市星河印刷有限公司 | | |
| **规　　格** | 148 mm×210 mm　32 开本 | **版　　次** | 2017 年 8 月第 1 版 |
| **印　　张** | 9. 25 插页 2 | **印　　次** | 2017 年 8 月第 1 次印刷 |
| **字　　数** | 159 000 | **定　　价** | 48. 00 元 |

艺术坊